Web業界の即戦力になる

PHP
しっかり入門教室

〈 小原隆義 著 〉

サンプルがダウンロードできる

使える力が身につく、仕組みからわかる。

本書内容に関するお問い合わせについて

このたびは翔泳社の書籍をお買い上げいただき、誠にありがとうございます。弊社では、読者の皆様からのお問い合わせに適切に対応させていただくため、以下のガイドラインへのご協力をお願い致しております。下記項目をお読みいただき、手順に従ってお問い合わせください。

●ご質問される前に

弊社Webサイトの「正誤表」をご参照ください。これまでに判明した正誤や追加情報を掲載しています。

正誤表　https://www.shoeisha.co.jp/book/errata/

●ご質問方法

弊社Webサイトの「刊行物Q&A」をご利用ください。

刊行物Q&A　https://www.shoeisha.co.jp/book/qa/

インターネットをご利用でない場合は、FAXまたは郵便にて、下記"翔泳社 愛読者サービスセンター"までお問い合わせください。
電話でのご質問は、お受けしておりません。

●回答について

回答は、ご質問いただいた手段によってご返事申し上げます。ご質問の内容によっては、回答に数日ないしはそれ以上の期間を要する場合があります。

●ご質問に際してのご注意

本書の対象を越えるもの、記述個所を特定されないもの、また読者固有の環境に起因するご質問等にはお答えできませんので、予めご了承ください。

●郵便物送付先およびFAX番号

送付先住所　〒160-0006　東京都新宿区舟町5
FAX番号　　03-5362-3818
宛先　　　　（株）翔泳社 愛読者サービスセンター

※本書に記載されたURL等は予告なく変更される場合があります。
※本書の出版にあたっては正確な記述につとめましたが、著者や出版社などのいずれも、本書の内容に対してなんらかの保証をするものではなく、内容やサンプルに基づくいかなる運用結果に関してもいっさいの責任を負いません。
※本書に掲載されているサンプルプログラムやスクリプト、および実行結果を記した画面イメージなどは、特定の設定に基づいた環境にて再現される一例です。
※本書に記載されている会社名、製品名はそれぞれ各社の商標および登録商標です。

はじめに

　本書をお手に取りいただき、誠にありがとうございます。

　この入門書では、「就職、転職用に学習を始めたい」「Web サービスを独力で構築したい」「すでにコーダーの仕事をしているがプログラミングスキルも身につけたい」などさまざまな方に向けて丁寧にプログラミングを解説しています。

　PHP プログラミングは初心者にもやさしく、学習しやすい言語です。しかし、実務にまで意識を払った入門書は多くないのが現状です。初めてだからこそ、しっかりとした考え方、正しい知識、定番の書き方などを身につけることが重要です。皆様の大切な一歩目をサポートするために、何度も構成を練り直し最適な流れを追求しました。

　本書には 2 つの大きな特徴があります。1 つ目は、筆者が運営するプログラミングスクールの生徒さんから得られたフィードバックを元にしていることです。事前に初心者の方がつまずく可能性のある箇所を網羅的に把握しました。「はじめからこう説明してくれればよかったのに」というかゆいところに手が届く説明を心がけました。2 つ目は、各章の文法学習から、すぐにその知識を生かしたアプリ制作が体験できることです。これにより、実際に動作させてその文法が持つ意味や役割を体感することができます。さらに、小さなアプリを完成させるという楽しさがモチベーションを持続させます。この「いくつかの知識を学び、すぐにそれらの道具でアプリ制作」という流れこそプログラミングの最適な学習方法なのです。

　現在インターネットではさまざまな知識を得ることができます。最大限に利用していきたいですが注意してほしいこともあります。古い情報や誤った情報を元に学習してはいけないということです。プログラミングの世界は速い展開で進歩していきます。古い情報となると途端に役に立たなくなったり、セキュリティ的に甘くなったりすることがあります。また、情報の質もまちまちです。初心者の方が覚え書き程度に書いたものから、ベテランの方が経験に基づいて大変参考になる記事を残したりしています。最初は、それが有益な情報か判断することも難しいでしょう。だからこそ、初めのプログラミング学習は文法、実務の知識を適切に整理したものを利用していただきたいです。

　本書では、初心者の方がつまずく可能性のある箇所を特に念入りに構成しています。安心して学習を進めていってください。また、プログラミングは始めてみれば非常に楽しい世界です。途中であきらめることなく、まずは 1 冊やり遂げてください。必ず成長を実感していただけるでしょう。皆様の学習を心から応援しております。

小原隆義

本書の対象と読み方

主な対象者

　本書では Web 制作が全くの初心者の方でも読み進められるように、ひとつひとつの項目を丁寧に説明していきます。皆さんの立場に近い新人プログラマーと、ベテランの先輩の会話も織り込みながら、課題提示や疑問出しをしていきます。実際に、リアルな現場の疑問、悩みなどで会話を構成しています。
　HTML や CSS の知識がなくても本書の中でしっかりと解説しているので、すぐに学習を開始していただくことができます。

本書の構成

　本書はそれぞれ以下のような目的を持つ、Part1 から Part3 の 3 部構成になっています。

Part1（1 章〜 2 章）	PHP のプログラミングに必要なソフトやツールの役割、使い方を理解する。
Part2（3 章〜 10 章）	PHP や SQL の構文を理解し、小型のアプリを作ることで制作の流れを体験する。
Part3（11 章〜 12 章）	大型課題をこなし制作に関わる重要事項を押さえることで、実務レベルのスキルを育てる。

　Part1 では PHP/MySQL の環境構築方法を、初心者のつまずきやすい箇所を含めて丁寧に説明しています。Part2 では小さなプログラムを実際に作ってみて動くことを体験することにより、基礎の定着を目指し、Part3 では Part2 で学んだ知識を使い、複数のファイルからなる本格的な Web サービスを制作していきます。さらに、作ったサイトをレンタルサーバにアップロードして公開する方法や、今後の勉強法などを紹介しています。
　課題は、ただ本書を写すのではなく、自分であれこれ考えて書いてみてください。バグ（エラー）が出て嫌になることもあるでしょうが、バグの修正も非常に大事なスキルになります。最後にはプログラミングに夢中になっていることでしょう。ぜひとも本書を楽しんでみてください。

ファイルの作成場所

　本書は、実際にプログラムを書いて実行させることで最大の学習効果を上げられるように作られています。プログラムの実行のさせ方は 3 章の 1 で詳しく説明しています。XAMPP をお使いの場合、「htdocs」が公開フォルダになりますが、この直下にファイルを作っていくと整理が難しくなります。3 章では htdocs 内に直接ファイルを作っていき、4 章からはフォルダを分けて管理するようになります。「htdocs」内に「practice」という名前のフォルダ（ディレクトリともいいます）を作り、さらにその中に章と同じ名前のフォルダを作るようにしましょう。例えば、4 章で nest1.php というファイルを作るよう指示がありましたら、htdocs/practice/4/nest1.php の位置にファイルを作っていきます。テキスト内でも指示がありますので、それに沿ってフォルダを構成してください。

MySQL/MariaDB について

1章で取り上げている XAMPP では、データベースに MariaDB が採用されています。MariaDB は MySQL から派生したオープンソースのリレーショナルデータベース管理システムです。phpMyAdmin という管理画面では、「MySQL」と書かれています。本書では MySQL と統一して記述しています。

ブラウザ対応について

執筆時に動作確認をしているのは以下のブラウザです。

Windows	Internet Explorer 11/Microsoft Edge 40/Firefox 55/Google Chrome 61
Mac	safari 10/Google Chrome 61

ダウンロードデータについて

　ダウンロードデータには執筆時に動作確認を行ったサンプルコード、課題コードが同梱されています。本書で指定している進め方と同様の構成で「practice」フォルダの中に、章番号を名にしたフォルダがあり、その中にサンプルファイルがあります。8章で扱われる、画像のアップロード機能などをお試しになる場合は、お手持ちの画像データをお使いください。
　また、XAMPP やエディタなど、必要なものはそれぞれのダウンロードサイトからダウンロードし、インストールをしてください。

ダウンロードデータの構成

　ダウンロードデータは各章で扱われたコードを章ごとのフォルダに分けています。PHP ファイル以外にも、HTML ファイル、SQL ファイルが含まれていることもあります。そのまま、「htdocs」直下にコピーして動作検証することも可能です。すでに「practice」というフォルダを作り、いくらかのファイルを作成されている場合は、「practice_answer」とでも名前を変更してからコピーしてください。同じ名前のフォルダをコピーするとファイルが上書きされてしまうので注意してください。

ダウンロードデータの使い方と取得

　ファイルは圧縮されていますので解凍して使ってください。
　ダウンロードデータは以下の URL にあるダウンロードタブからダウンロードしてください。

http://www.shoeisha.co.jp/book/detail/9784798153377

　また以下の URL からは特典がダウンロードできます。

http://www.shoeisha.co.jp/book/present/9784798153377

目次

Part1 準備編　　　　　　　　　　　　　　　　　　　　　　　　　009

Chapter01 Web プログラミングの環境を構築する　　　　　　　009

01-01　Chrome ブラウザをインストールし、機能を確認する　　010
01-02　テキストエディタのインストールと設定　　012
01-03　XAMPP のインストールと設定　　016

Chapter02 Web サービスの仕組みを理解する　　　　　　　　　021

02-01　PHP が働く仕組みを理解する　　022
02-02　PHP と各種言語の役割分担を確認する　　024

Part2 構文＆制作編　　　　　　　　　　　　　　　　　　　　029

Chapter03 変数にデータを格納する　　　　　　　　　　　　　029

03-01　ブラウザで文字を出力する　　030
03-02　変数に文字列を代入し表示する　　032
03-03　型の種類を理解する　　035
03-04　代数演算子を使用して計算する　　037
03-05　[実習] 送信フォームからデータを送信し、画面に表示する　　039

Chapter04 if 文を使って処理を分岐する　　　　　　　　　　　049

04-01　if 文が動く仕組みを理解する　　050
04-02　比較演算子を使ってみる　　052
04-03　論理演算子を使ってみる　　055
04-04　入れ子（ネスト）を使ってより複雑な分岐を作る　　057
04-05　[実習] バリデーション機能を作る　　059

Chapter05 while/for で処理を繰り返す　　　　　　　　　　　065

05-01　while の構文を理解する　　066
05-02　複合演算子を使って連続する数字の合計を求める　　069
05-03　for の構文を理解する　　071
05-04　[実習] 生年月日を選択するフォームを作る　　075

Chapter06 配列を使って複雑なデータを管理する　　079

- 06-01　配列の役割を理解する　　**080**
- 06-02　foreach は配列専用の繰り返し構文　　**083**
- 06-03　二次元配列を理解する　　**085**
- 06-04　［実習］チェックボックスの値を取得し表示する　　**088**

Chapter07 データベースと連動する　　093

- 07-01　phpMyAdmin からデータベース、テーブルを作成する　　**094**
- 07-02　phpMyAdmin からデータを挿入、削除する　　**098**
- 07-03　エクスポートとインポート　　**102**
- 07-04　PHP からデータベースを操作する　　**104**
- 07-05　取得したデータを表示する　　**108**
- 07-06　［実習］検索アプリを作る　　**112**

Chapter08 GET と POST　　117

- 08-01　GET を使ってデータを渡す方法と特徴を理解する　　**118**
- 08-02　POST を使ってデータを渡す方法と特徴を理解する　　**120**
- 08-03　GET と POST の違い　　**123**
- 08-04　画像データを送信する　　**125**
- 08-05　［実習］GET とデータベースを使用したプロフィールページを作る　　**130**

Chapter09 正規表現と文字列　　139

- 09-01　正規表現によるパターンマッチ　　**140**
- 09-02　正規表現の基本構文　　**143**
- 09-03　正規表現の実践的使用　　**147**
- 09-04　文字列の操作　　**150**
- 09-05　［実習］違反ワードをチェックする機能を作る　　**154**

Chapter10 メール送信とファイル操作　　159

- 10-01　メール送信　　**160**
- 10-02　相手にきっちりと届けるメール送信　　**164**
- 10-03　ファイル操作（書き込み）　　**167**
- 10-04　ファイル操作（読み込み）　　**170**
- 10-05　［実習］お問い合わせフォームを作る　　**174**

Chapter11 関数を使って処理をまとめる　　181

- 11-01　簡単な関数を自作する　　**182**
- 11-02　複数の引数を設定する　　**185**
- 11-03　スコープを理解する　　**187**
- 11-04　関数ファイルを分離する　　**189**
- 11-05　［実習］ひとこと掲示板を作る　　**191**

Chapter12 クッキーとセッション　　201

- 12-01　クッキーの仕組みを理解する　　**202**
- 12-02　セッションの仕組みを理解する　　**205**
- 12-03　［実習］ショッピングカートを作る　　**210**

Part3　実務編　　219

Chapter13 ログイン認証　　219

- 13-01　ログイン認証の仕組みを理解する　　**220**
- 13-02　［実習］設定ファイルや関数ファイルを用意する　　**223**
- 13-03　［実習］会員登録の仕組みを作る　　**225**
- 13-04　［実習］ログインの仕組みを作る　　**232**
- 13-05　［実習］会員専用ページを作る　　**238**

Chapter14 実務に必要な知識・技術　　243

- 14-01　セキュリティ対策　　**244**
- 14-02　レンタルサーバの利用　　**248**
- 14-03　WordPress の PHP を編集する　　**252**

Appendix　付録　　259

- AP-01　Git を使う　　**260**
- AP-02　フレームワークの特徴と種類　　**267**
- AP-03　エラーへの対処法　　**270**

Part1 準備編

第1章

Web プログラミングの環境を構築する

第1章ではプログラミングのための環境構築について扱います。本書の特徴は、初心者がつまずきやすい環境構築を丁寧に説明していることです。なるべく最新の便利なツール（道具）を使うことで、快適な学習を行うことができます。今、おすすめのエディタから XAMPP のインストール、起こりがちなエラーへの対処法までキャプチャ画像とともに解説しています。

01：Webプログラミングの環境を構築する

01 Chromeブラウザをインストールし、機能を確認する

先輩、私もWebサービスが作れるようになりたいです。早速プログラミングを教えてもらえますか？

 やる気があっていいね。でも、残念ながらすぐには始められないんだ。まずはPHPを動かすための環境を構築していこう

必要なソフト

　Webプログラミングで必要なのはホームページを閲覧し、ソースコードを確認するためのブラウザソフト（ChromeやFirefoxなど）、プログラミングのコードを書くためのテキストエディタ（AtomやSublimeTextなど）、PHPを実行するための環境（XammpやVagrantなど）が必要です。

Chromeをインストールし、機能を確認する

　本書では、検証用ブラウザに**Chrome（クローム）**を使います。パソコンにインストールしておいてください。

https://www.google.co.jp/chrome/browser/desktop/index.html
＊2017年10月現在のアドレスです。

Chromeのデベロッパーツールを使ってみる

　Chromeブラウザを使用して「Yahoo! Japan」のサイト（https://www.yahoo.co.jp/）にアクセスしてみましょう。検索欄の入力フォーム内を右クリックして、表示されるメニューから「**検証**」を選択すると、デベロッパーツールの画面が現れます。

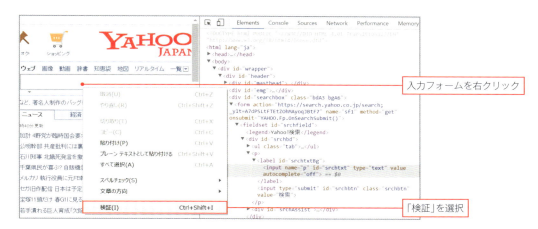

　デフォルトでは「Element」というタブが選択されており、サイトのソースコードが表示されます。ちょうど右クリックした近辺を中心に表示してくれるので、意図したものがソースコードに反映されているか、などチェックするのに非常に便利です。

　ちなみに、ソースコードの選択中の部分（背景が灰色の部分）を確認すると、<input>タグの中身でname="p"と設定されていることがわかります。検索システムでは、この「p」という値を目印にフォームの入力情報を受け取っていることがわかります。

> **MEMO** デベロッパーツールは、HTMLなどのソースコードを表示したり、Cookieと呼ばれる情報を確認したりするなど、プログラミングの学習、制作時に大いに役立つ機能を持っています。ぜひとも活用していきましょう。デベロッパーツールは、ブラウザのURL入力欄の右側にある設定ボタン（縦に3つ点が並んでいる部分）からも表示できます。「その他のツール」から「デベロッパーツール」を選択してください。

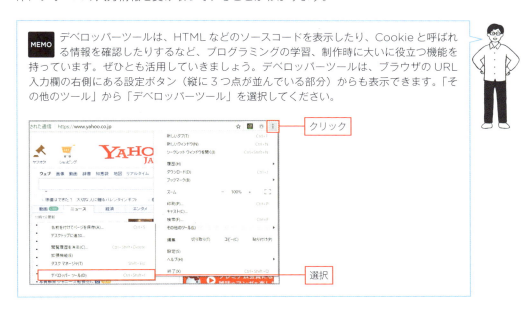

01：Webプログラミングの環境を構築する

02 | テキストエディタのインストールと設定

プログラミングをするのに Windows のメモ帳や Mac のテキストエディットなどのソフトは使えないんですか？

 文字コードが指定できないエディタは文字化けを起こす可能性があるんだ。専門のエディタを使えば補助機能で学習の助けにもなるよ

☐ 文字コードを「UTF-8」に指定できるエディタ

　メモ帳や Word を使っているだけでは気づかないのですが、文字の保存には文字コードという考え方があり、これがずれてしまうとプログラミングの世界では文字化けが発生する原因になります。Web プログラミングでは、日本語に対応した「UTF-8」というコードを使うことが必須になりますので、本書では、**UTF-8** で保存可能なエディタである「Atom（アトム）」を使っていきます。

> MEMO　プログラミングの世界では「Unicode」（ユニコード）という世界中の文字に番号を付けて管理する文字の集合を使用します。「Unicode」を扱うための形式「UTF-8」を指定することで、日本語に対応したファイルを作成することができます。「UTF-8」は全角文字を通常 3 バイト（半角英数 3 文字分）として扱います。「UTF-8」はパソコンの世界の共通言語といえます。

☐ テキストエディタ「Atom」をダウンロードする

　https://atom.io にアクセスして、テキストエディタ「Atom」をダウンロードしてください（2018年 1 月執筆時点のアドレスです）。

お持ちのパソコンの OS にあわせたダウンロードボタンが表示されます。ダウンロードボタンをクリックして、ダウンロードしたファイルを実行してください。インストールが始まります。

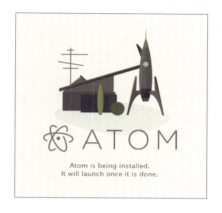

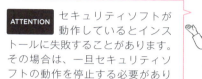
セキュリティソフトが動作しているとインストールに失敗することがあります。その場合は、一旦セキュリティソフトの動作を停止する必要があります。

インストール中は上のような画像が表示されます。インストールには数分以上かかることがあります。

Atom を使って PHP ファイルを作成する

Atom を立ち上げて新しいファイルを実際に作ってみましょう。ウィンドウの左上の「File」メニューから「New File」を選択してください。

ファイルに文字が入力できるようになります。左側にはトップ画面が表示され続けています。特に必要ない画面なので非表示にしましょう。区切り線のどこかをクリックしてドラッグし左に寄せておきます。

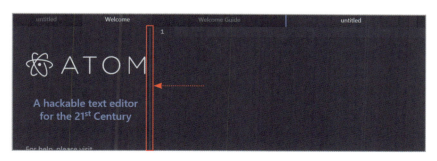

まだ、プログラムを実行することはできませんが、ひとまず簡単なコードを書いてPHPファイルとして保存する方法を確認しましょう。下のコードを打ち込んでください。

❶ 文字を出力する　詳しくは第3章で

ここまで打ち込んだらファイルを保存します。左上の「File」タブから「Save」で保存することもできますが、ここでは保存のショートカットを覚えましょう。[Ctrl]（[command]）＋ [S] キーで保存ができます。以後、保存する場合はショートカットを使用してください。まだファイル名を決定していないので下のようなダイアログが立ち上がります。

「test.php」と打ち込んで「保存」をクリックしてください。まだ動作させないので保存先はどこでもかまいません。

保存により PHP ファイルとして認識されたので、コードに色が付きました。

ATTENTION Web プログラミングの世界では、英語が基本になります。ファイル名やフォルダ（ディレクトリ）名が日本語文字であるだけでエラーが起こることもあります。普段からローマ字で命名する習慣を付けておきましょう。また、プログラミング内では特定の場合（Web に表示するなど）を除き、全角文字を使うことはできません。エラーが出て、プログラムが止まってしまいます。基本的にファイル名やコードは半角で書いていくので注意してください。切り替えるにはキーボードの左上にある「全角/半角」キーを押します。

Atom の設定をする

プログラミングでは、コード中に全角文字が混ざることでエラーが発生します。特に、全角のスペースが見つけづらいので目視できるように設定していきます。「File」メニューから「Settings」を選択すると「Settings」画面が表示されるので、「Editor」を選択し、「↓」キーで下にスクロールして「Show Invisibles」の項目にチェックを付けてください。

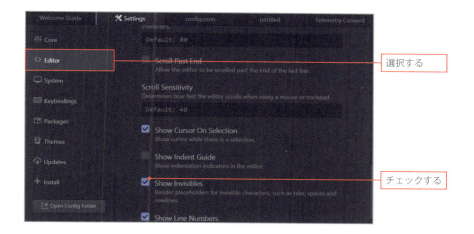

選択する
チェックする

　これにより、コード前後の半角スペースがドットで表示されるようになります。しかし、コードの間は何も表示されないので、全角スペースを表示するパッケージをインストールします。「Settings」画面で「Install」を選択し、入力フォームに「show-ideographic-space」と入力して「Packages」ボタンを押してください。

パッケージを検索する
クリックする

　このように「show-ideographic-space」の「Install」ボタンをクリックして、プラグインをインストールしましょう。これで全角スペースが紛れ込んでいても目視できる状態になりました。

半角スペースがドットで表示される
全角スペースの存在を□記号で教えてくれる

　テキストエディタはUTF-8で保存できるプログラミング用エディタであれば、何を使用しても大丈夫です。なお、Windowsの「メモ帳」は「Shift_JIS」という形式で保存されるので、PHPのプログラミングで使用するのはおすすめしません。

01：Webプログラミングの環境を構築する

03 XAMPPのインストールと設定

Webプログラミングを学習するならレンタルサーバと契約しないといけないですよね

 それもいいけど自分のパソコンに動作環境を作っておけば楽だよね。ネットにつながなくても学習できるようになるよ

Xamppとは？

Xampp（ザンプ）は、PHPプログラミングを始めるために必要な「サーバ（Apache）」「データベース（MariaDB）」「PHP」を手元のパソコン上に一括でインストールできる便利なパッケージです。しかもレンタルサーバが有料なのに対し、Xamppは無償で入手できます。

名称	働き
Apache（アパッチ）	Webサーバです。ホームページを閲覧する人（クライアント）からリクエストを受けて、さまざまな反応をします。
MariaDB	データベースです。MySQLから派生しています。Xamppのコントロールパネルなどでは「MySQL」と表示されます。
PHP	サーバに命令を出すプログラミング言語です。

Xamppをダウンロードする

まず以下のURLにアクセスしましょう。日本語ページが用意されています（「xampp」で検索すればすぐに出てきます）。

XAMPP Installers and Downloads for Apache Friends
https://www.apachefriends.org/jp/index.html
＊2018年1月現在のアドレスです。

トップページにWindows、MacそれぞれのOS用のダウンロードリンクがあるのでクリックしてダウンロードしてください。バージョンは時期によって異なりますが、トップページからPHP7を含む最新のものをダウンロードしましょう。執筆時点の最新バージョンはXampp7.2.1です（2018年1月現在）。PHP7.2.1とそれに付随するさまざまなツールが入っています。

MEMO XamppのインストールについてはYouTube動画でもご案内しています。
https://youtu.be/HTBXF9drV7A

インストール前に確認すること

　アプリがインターネットに接続する時「**ポート**」というものを使うのですが、実はXamppのポートとSkypeのポート番号が重複して衝突することがあります。Skypeをインストールしている場合は、事前にSkypeの設定を変えておく必要があります。
　Skypeを開いて「ツール」メニュー→「設定」をクリック。設定ダイアログが開くので「詳細」→「接続」を選択してください。ここで「追加の受信接続にポート80と443を使用」のチェックを外します。

インストールと設定

ここでダウンロードしたファイルを実行します。インストールが始まるので、案内に沿って操作を進めてください。Windowsでは「現在のアカウントでは機能が制限されるかもしれない」という警告が出ますが、「OK」を押します。ここから先はインストールが始まるまですべて「Next」を選択します。途中、インストール先が表示されますので確認してください。デフォルトでWindowsは「C:¥xampp」に、Macは「/Application/XAMPP」にインストールされます。

インストールが終わると「Finish」ボタンが現れます。それを押すと言語を選択する画面が現れるのでアメリカ国旗（英語）を選択してください。XAMPPのコントロールパネルが開きます。ApacheとMySQLの「Start」ボタンを押してください。正常に起動すれば次のようになります。

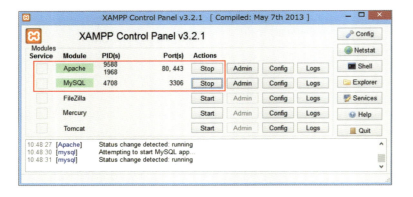

MEMO　Mac版は「Manage Servers」というタブをクリックして設定ページを開きます。デザインは画像とは異なります。また、Mac版はXamppのインストール方法も頻繁に変更されていますので、その都度最新のインストール方法を検索してください。次回以降、コントロールパネルを開くにはWindowsでは「C:¥xampp¥xampp-control.exe」を、Macでは「/Application/XAMPP/xamppfiles/manager-osx.app」をダブルクリックして開きます。学習用にこちらのファイルのショートカットをデスクトップに作っておくことをおすすめします。

失敗した場合の修正方法

ここで「Apache」もしくは「MySQL」の起動に失敗した場合の修正方法をご案内します。すぐにXAMPPが起動しない問題はよくあることです。他のアプリが同じポートを使っている可能性があります。その場合はXAMPP自体のポートを変更しましょう。この先は、XAMPPが起動（Start）できなかった方が読んでください。

Apache が Start しない場合

ダウンロードした XAMPP フォルダ（ディレクトリ）を探してみましょう。Windows の場合、c:¥xampp¥apache¥conf¥httpd.conf ファイルを、Mac の場合、/Applications/XAMPP/etc/httpd.conf ファイルを開いて修正する必要があります。

▽Windowsの場合の位置

▽Macの場合の位置

ファイルが見つかったら、Atom で開きましょう。Atom のウィンドウ上にドラッグ＆ドロップすることでファイルを開くことができます。

編集箇所は 2 カ所です。行数は変更になる場合があります。

- 58 行目　Listen 80 → Listen 81 に変更

- 219 行目　ServerName localhost:80 → ServerName localhost:81 に変更

保存したら再びコントロールパネルから Apache をスタートさせてみましょう。

それでも Apache が起動しない場合

ポートは初期設定で 80 番と 443 番の 2 つを使用しています。443 番が他のアプリと重複している可能性もあります。そちらも修正しておきましょう。Windows の場合、「C:¥xampp¥apache¥conf¥extra¥httpd-ssl.conf」ファイルを、Mac の場合「/Applications/XAMPP/etc/extra/httpd-ssl.conf」ファイルを開きます。修正箇所は 3 カ所です。

- 36 行目　Listen 443 → Listen 441 に変更

```
36    Listen 441
```

- <VirtualHost _default_:443> → <VirtualHost _default_:441> に変更
- ServerName www.example.com:443 → ServerName www.example.com:441 に変更

```
80    <VirtualHost _default_:441>
81
82    #   General setup for the virtual host
83    DocumentRoot "C:/xampp/htdocs"
84    ServerName www.example.com:441
```

以上で修正は完了です。保存したら、再びコントロールパネルから Apache をスタートさせてみましょう。

ここまでやってもうまくいかなかったら、どうすればよいですか？

パソコンの環境によってはどうしてもうまくインストールできないことがあるみたいだね。XAMPP はあくまで簡易な環境だからどうしてもうまくいかなかったら、レンタルサーバを使う、Mac なら MAMP というソフトを使う、など他の方法も試してみるといいよ

> **MEMO** 最近ではインターネット上で開発できる「Cloud9」というサービスも使われています。インターネットに接続している必要がありますが、環境構築がエラーなく非常にスムーズに行え、エディタなどのソフトもネット上で操作ができます。新しい開発の手法として注目されています。
>
> AWS Cloud9
> https://aws.amazon.com/jp/cloud9/
> （2018 年 1 月現在）

Part1 準備編

Chapter 02

第 2 章

Web サービスの仕組みを理解する

一口に Web サービス、Web アプリケーションを作るといっても、その裏ではさまざまな言語、ツール、装置が働いています。今後、プログラミングをしていく上でそれらの仕組みを押さえておくことは非常に重要です。この章では、プログラムが動作して表示に至るまでの仕組みと、HTML など Web プログラミングとは切っても切り離せない言語を解説していきます。

02：Webサービスの仕組みを理解する

01 | PHPが働く仕組みを理解する

環境設定が終わりました。プログラミングもWebもわからないことだらけですけど私にもできますか？

 最初は皆同じだよ！　プログラムを動かす前に、Webサービスがどのような仕組みで動くのか確認しておこう

ホームページの情報は「サーバ」が返してくれる

インターネットにアクセスしてホームページのデータを取得する時、その裏側ではどのような技術が使われているのでしょうか。下の図を見ながら考えていきましょう。

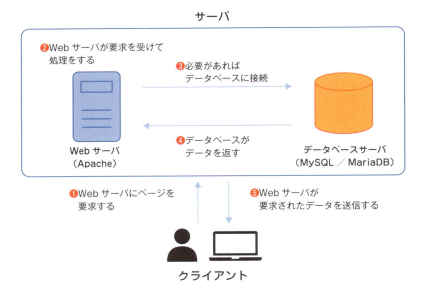

インターネットを通じて、Webサービスに要求を送信するブラウザなどのソフトのことを「**クライアント**」といいます。一方、要求に応じてさまざまな機能を提供するのが「**サーバ**」です。ブラウザからURLを打ち込んだり、ブックマークしているページをクリックしたりするとインターネット上にあるWebサーバにアクセスします❶。Webサーバには「**Apache（アパッチ）**」というソフトをインストールしてあり、それ専用のコンピュータで稼働しています。皆さんのパソコンとの違いは、24時間稼働しても壊れないだけの耐久性があることです。

要求を受けるとApacheは必要なファイル、データを用意して返します❷。HTMLファイルや

CSSファイルはWebサーバ上に置かれているので、単に「あらかじめ用意されたデータ」を返すだけならそのままHTMLをブラウザに返します。これを「**静的なページ**」といいます（HTMLやCSSは次項で説明します）。

一方、データベースの大量なデータの中から必要なデータを引き出す場合はWebサーバから、さらに「**データベースサーバ**」にアクセスします❸。この時に、「**SQL**」という言語を使いますのでPHPとともに学んでおく必要があります。データ自体は、Webサーバ上にファイルを置いて管理することも可能ですが、例えば1万人を超える会員データがあるとして、それをファイルで管理することは非常に困難です。そのためにデータベース（MySQL/MariaDB）が存在します。データベースからデータが返ってくる❹と、HTMLとしてデータをまとめた上でクライアントに送信します❺。こうして返ってきたデータをブラウザソフトで閲覧するのがWebサービスの仕組みです。

XAMPPの役割はローカルにサーバを用意すること

サーバと一言でいっても、Webサーバ、データベースサーバ、他にもメールサーバなどいろいろあります。PHPの実行環境に1つずつインストールするとなると手間がかかります。1章でインストールしたXAMPPにはこれらがすべて含まれているので、手軽に環境を用意することができます。つまり、皆さんのパソコンがサーバの代わりになるのです。これにより、インターネット上のサーバにアクセスしなくても、ひとまず自身のコンピュータ内のサーバにアクセスして練習することができます。

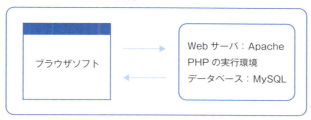

インターネットにつながなくても自身のパソコン内で
動作させることができる

簡易的にパソコンの中にサーバを用意した状態です。実際にはWebサーバやデータベースサーバは別々に専用のコンピュータにインストールされます。今回は、練習用ですので同じパソコンの中に必要なサーバを詰め込んでいます。

PHPの学習にはXamppやcloud9、レンタルサーバなど、少なくとも1つサーバの役割をするものが必要ということですね

02：Web サービスの仕組みを理解する

02 | PHP と各種言語の役割分担を確認する

HTML も CSS も基本しかわかりません。いきなりプログラミングから始めてしまって大丈夫なんですか!?

 HTML などは最低限の知識があれば問題ないよ。各言語の役割を確認しながら HTML/CSS は少し練習もしておこう

Web サービスに関わる言語の種類

Web サービスに関わる言語には以下のようなものがあります。

言語	説明
HTML	Web ページを表現するために用いられる言語。見出しや段落といったドキュメントの構造を作ったり、リンクや画像を埋め込んだりできる。
CSS	HTML で記述された文書の見栄えを表現する言語。デザインは CSS で記述する。
JavaScript	クライアントサイドのプログラミング言語。動きを表現できる。
PHP	サーバサイドのプログラミング言語。

　HTML/CSS はセットにして説明されることが多いです。HTML で言語構造を決定し、CSS でデザインを整えます。HTML/CSS で記述されたホームページは、あらかじめ表示するデータが固定されているため「**静的なページ**」といわれます。

　JavaScript は、ホームページを閲覧するユーザ（クライアント）のコンピュータ上で働きます。それゆえ、ホームページに動きを作る、ダイアログ（浮き出るウィンドウ）を出すなどの演出が可能になります。サーバ上のデータベースにアクセスして変更を加えるなどの処理はできません。

　PHP は Web サーバ上で動き、クライアントからの注文（「**リクエスト**」といいます）に応じて、データベースに変更を加える、情報を引き出すなどの処理ができます。フォームからの入力チェックは厳密には PHP で行う必要がありますし、お問い合わせフォームやメール送信、ログイン認証などの仕組みは PHP で作ることが可能です。一度 Web サーバにアクセスしなければならないため、JavaScript のようにリアルタイムにブラウザでの表示を変化させることはできません。

これだけで十分！PHP を学ぶのに必要な HTML 知識

　実際に HTML ファイルを1つ作ってみましょう。「Atom」のアイコンをクリックして Atom を立ち上げましょう。「File」メニューから「New File」を選択します。

　ひとまず何も書き込まずに HTML ファイルとして保存しておきます。ショートカットの［Ctrl］（［command］）＋［S］を使い、ファイル名を「sample.html」としてデスクトップ上に保存してください。これにより、HTML を記述すると Atom 上では文字が色付けされて表示されます。

　早速、次のように打ち込んでみましょう。これが HTML の基本構成です。デスクトップに「sample.html」として保存します。

　エディタ上では次のように表示されます。

Atom 上での見た目

<!DOCTYPE html> は文書が HTML5 で作成されたものであることを宣言しています❶。HTML ファイルの最初に必ず書きます。

　HTML は <p> のようにタグと呼ばれるものを使って記述していきます。</p> とセットで用います。<head></head> 内にはページに関わる情報を記述します❷。<meta charset="utf-8"> は日本語に対応した「utf-8」という文字コードを指定します。<title> タグはブラウザで開いた時のタブ欄に表示されます。ネット検索時にタイトルとして表示されます。

　次に、表示に関わる <body></body> 内の書き方を見ていきましょう❸。<h1> は見出し（heading）です❹。重要度に応じて <h1> から <h6> まであり、<h1> が最も重要です。文字サイズも <h1> が最も大きく表示されます。<p> タグは Paragraph（パラグラフ）、つまり段落を表しており、この中に文章を記述します❺。

　デスクトップ上にできたアイコンをクリックすると自動的にブラウザが立ち上がります。アイコンは Chrome とは限らないので「sample」という名のファイルを探してみてください。また、デフォルトでファイルを Chrome ブラウザで開くようにしたい場合は、右クリックをして「プロパティ」を選択し、「プログラム」の項目からブラウザソフトを変更することが可能です。

　ファイルをクリックしてブラウザから開いてみましょう。

　ブラウザから閲覧することができました。このようにするとインターネットにつながっているように見えますが、実際にはブラウザソフトを使って自身のパソコン内にあるファイルにアクセスしただけなのでインターネットには接続していません。

> **MEMO** Windows では、デフォルト状態でファイル名の拡張子（.html、.php など）は表示されません。プログラミングを学習するのに不便なので表示しておく必要があります。Windows8 もしくは 10 ではエクスプローラを開いて「表示」タブをクリックし、「ファイル名拡張子」にチェックを付けることで表示できます。Windows7 ではエクスプローラの「ツール」タブから「フォルダオプション」を選択し、「登録されている拡張子は表示しない」のチェックを外します。

HTMLでリストを作る

<body> 内に次のようにコードを追加してみましょう。

CODE sample.html

```
<p>たくさんの情報をお届けします。</p>
<h2>好きな果物</h2>
<ul>                                    ❶ リスト項目（全体）
  <li>リンゴ</li>                        ❷ リスト項目（要素）
  <li>みかん</li>
  <li>パイナップル</li>
</ul>
```

　リストは全体を <ul></ul> で囲みます❶。要素の数だけその中に <li></li> を記述していきます❷。<li> の前に空白がありますが、これは見やすさを考慮した字下げ（インデント）です。空白はスペースではなくキーボードの「Tab」を押して作ります。Atom ではスペース2つ分の空白を Tab キー1回で挿入することができます。デフォルトの表示では要素の前に「・」が自動的に付加されます。こちらは CSS を記述することで削除することもできます。表示は以下のようになります。

好きな果物
- リンゴ
- みかん
- パイナップル

HTMLでテーブルを作る

　リストの下に、さらにテーブルを記述していきましょう。

CODE sample.html

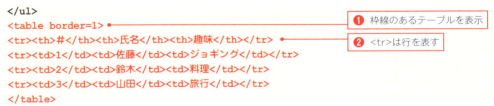

　少し複雑に見えますが構成は簡単です。まず、<table></table> で全体を囲みます❶。「border=1」を指定しておくと表に罫線（けいせん）が足されます。<tr></tr> は1行分を表しています❷。その中の1行目に <th></th> を必要なだけ記述します。これは、テーブル内の見出しになります。2行目以降は <th></th> の個数に合わせて <td></td> を記入していきます。こちらは見出しに合わせたデータを意味しています。罫線で区切られた1つ1つを「セル」と呼びます。以上が本書で使用される HTML です。次のように表示されることを確認してください。

CSSでページをデザインする

本書ではCSSの知識は必要ありませんが、簡単に記述方法を確認してみましょう。<head></head>の中に以下のような記述を加えてみましょう。

CODE sample.html

```
<title>ページタイトル</title>
<style type="text/css">     ❶ CSSの記述が始まる合図
table th {
  background-color: #ffdab9;   ❷ <th>の背景に色を付ける
}
</style>
```

HTMLとは記述形式が異なります。上記の記述でテーブルの<th>タグ内にだけ背景色「#ffdab9（ピーチ色）」を適用せよ、という意味になります❷。以下のように見た目が変更されます。

以上、HTMLとCSSを確認してきましたが、どちらもプログラミング言語ではありません。HTMLは「**ハイパーテキスト**」という他のページへのリンクを用意できる高機能なテキスト用言語です。CSSはWebページの色、サイズ、レイアウトを指定して装飾するための言語です。JavaScriptはクライアントサイドのプログラミング言語ですが、興味がありましたら専門の教材を入手してみてください。

それでは、次章からいよいよPHPプログラミングを書いて動作させていきます。プログラミングは夢中になるほど面白いものです。ぜひ楽しんでみてください。

Part2　構文＆制作編

03

第 3 章

変数にデータを格納する

初めての Web プログラミングです。右も左もわからず不安な方が多いかと思いますが、プログラムは書けば書くほど楽しくなります。どんどん書いて覚えていきましょう。この章では、ブラウザへの出力やプログラミングで最初に学ぶべき「変数」（へんすう）の扱い方を学びます。プログラミングの基本になるのでじっくりやっていきましょう。

03：変数にデータを格納する

01 ブラウザで文字を出力する

初めての Web プログラミング、何から手を付ければよいかわかりません

せっかくの PHP なんだからブラウザを使って文字を表示させてみよう。ファイルの作り方、動作のさせ方に特徴があるよ

PHP ファイルで文字を出力する

最も簡単なプログラムから始めましょう。先に PHP ファイルを作るフォルダを開いておきます。xampp フォルダ（ディレクトリとも呼びます）の中に「**htdocs（エイチティードックス）**」という名前のフォルダがあります。そちらをダブルクリックで開いてみましょう。

htdocs 内に PHP ファイルを作っていきます。テキストエディタ（本書では Atom を使います）を起動し、「File」メニューから「New File」を選択します。以下のように入力してみましょう。

CODE echo.php

```php
<?php

echo '鈴木さん、こんにちは';
```

echo の後ろには半角スペースを入れてください。htdocs のディレクトリ内にファイルを保存しましょう。名前を「echo.php」と指定します。Atom では特に設定しなくても、自動的に文字コードを「UTF-8」に設定しています。日本語に対応した「UTF-8」を使用することは非常に大事なことですので覚えておいてください。

ブラウザを使ってプログラムを動作させる

Xampp のコントロールパネルから Apache を起動しておきましょう。作った PHP を動作させる方法の1つに「**ブラウザを使ったファイルへのアクセス**」があります。基本的に本書ではこの方法を使って動作させていきます。まずはブラウザ（Chrome）を開いてください。

アドレスバーに「localhost/echo.php」と打ち込んで、Enter（Return）キーを押してみましょう。環境構築時に ServerName を localhost:88 に変更している方は「localhost:88/echo.php」にアクセスします。成功すると以下のように表示されるはずです。

> **ATTENTION**　「**Parse error**」という表示が出て、プログラムが動作しないしないことがあります。以下、よくある間違いを確認して修正してみてください。
>
> - プログラム内に全角英数が混ざりこんでいる。プログラミングでは基本的にすべて半角英数を使用します。全角英数が使用できるのは「'」で囲われた文字列と呼ばれる部分のみです。
> - 始めの、「<?php」や行終わりのセミコロン「;」を付け忘れている。
> - スペルミスをしている。
> - 修正したが保存していない。修正後は再び上書き保存をしてください。

書いたプログラムを整理して見てみます。

```
echo '鈴木さん、こんにちは';
```

- echo（エコー）は「表示せよ」という命令
- ここに半角スペースを入力する
- 文字列の前後にシングルクォーテーションを付ける
- 表示する文字の部分を「文字列（もじれつ）」と呼ぶ
- ;（セミコロン）は命令の終わりに付ける

プログラミングの世界では「文字」のことを「文字列」と呼び、「数字」と「文字列」は区別して考えます。

> **MEMO**　「<?php」はこれから PHP が始まるという合図です。HTML の中に埋め込むこともできるのですが、その場合は PHP の終わりを表す「?>」という閉じのコードが必要になります。ファイル内の記述がすべて PHP の場合は、「?>」を書かないことが推奨されています。

その他の出力方法

画面への出力方法は、「echo」以外にも「print」というコードがあります。どちらを使ってもかまいませんが、本書では「echo」で統一します。

CODE print.php

```php
<?php

print '佐藤さん、こんばんは';
```

「print」には「1」という返り値がありますが、特に区別して使う必要はありません。返り値については 11 章で説明します。

03：変数にデータを格納する

02 | 変数に文字列を代入し表示する

先輩、変数って何ですか？数学でしか聞いたことないです

 慌てなくても大丈夫。変数自体は文字列や整数などを記憶させておくための箱だと思えばいいよ

箱に入れて保管しておけるってことですね

変数を使ってみる

変数を使ってブラウザに文字を出力してみましょう。次のように打ち込んでみてください。

CODE variable1.php

```php
<?php

$name = '鈴木';      ← ❶ 文字列を代入する
echo $name;          ← ❷ 変数を出力する
```

「variable1.php」という名で htdocs フォルダの直下に保存し、実行してみましょう。localhost/variable1.php にアクセスします。URLが変更になるので注意してください。「鈴木」さんの名前が表示されます。

$name のように $（ダラー）から始まるものを「**変数**」と呼んでいます❶。日本語名は堅い感じがしますが、英語ではヴァリアブル（variable：何にでも変わりうるもの）と呼びます。変数とは、パソコンのメモリーの一部に名前を付け、一時的にデータを保存しておく仕組みのことです。このコードにより「鈴木」という文字列を $name に保存しているのです。このことを「代入する」または「格納する」などといいます。ちなみに、ここでの「=」には「等しい」という意味はないのでご注意ください。右側の「鈴木」という文字が、左側の $name に代入されるのです。

次に $name に保存されていた「鈴木」という文字列を出力せよという命令を出しています❷。これによりブラウザ上に表示されます。

> **MEMO** 文字列は「'」（シングルクォーテーション）でくくってください。半角英数で Shift を押しながらキーボードの「7」を押します。「'」の代わりに「"」（ダブルクォーテーション）でくくることもできます。

代入のルールを確認する

先ほどのコードに1行加えてみましょう。

CODE variable2.php

```php
<?php

$name = '鈴木';
$name = '佐藤';
echo $name;
```

❶ $nameに「鈴木」という文字列が代入される
❷ $nameの中身が「佐藤」という文字列に置き換わる

保存してから動作させてみてください。このようにコード追加する場合、ダウンロード用のサンプルファイルでは便宜上「variable2.php」と連番になっておりますが、そのまま同じファイルに追加する場合は、「variable1.php」にアクセスするようにしてください。$nameには「鈴木」という文字列が記憶されていましたが「佐藤」という文字列に置き換わっていることがわかります。変数は新たな代入で上書きされるのです❷。

文字列を連結する

名前の後ろに「さん、こんにちは」を付け加えてみましょう。variable1.phpに書き加えていきます。echo $nameの後ろに「.（ドット）」を付けて、次のように書きます。

CODE variable3.php

```php
<?php

$name = '鈴木';
echo $name.'さん、こんにちは！';
```

❶ 文字列と変数を連結する

「.」は文字列を連結するのに使います❶。$nameの後につなげるのは「さん、こんにちは！」という文字列です。こちらも「'」で囲っておく必要があります。

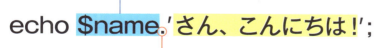

「鈴木」という文字列が格納されている　　「さん、こんにちは」が後半の文字列

. （ドット）で文字列を連結する

　文字列の連結により、名前の部分だけを現在Webページを閲覧しているユーザ名などに置き換えることができるようになります。ログインしたユーザに合わせて名前を変更するなどの機能は、実際のWebサービスでもよく見受けられるものです。

ATTENTION 文字列は「'」で囲います。ただし変数は「'」で囲ってはいけません。試しにecho '$name'; を実行してみると、保存されたデータが呼び出されず、代わりにそのまま「$name」という文字が表示されてしまいます。
文字列は「"」（ダブルクオーテーション）を使って囲むこともできます。この場合は「"{$name} さん、こんにちは "」と中括弧で変数を囲む必要があります。本書ではドットでの連結をメインにしてコードを作っていきます。

文字列や変数はドットで結ぶ。なんだか忘れちゃいそうです

 忘れたときはエラーが出て、そもそもプログラムが実行されずに終わるんだ

プログラミングって文法に厳しいんですね

練習

①変数名は $place、代入する文字列は「北海道」とし、それを出力するプログラムを作ってください（practice_variable.php）。
②「に行きたい」という文字列を連結して出力しましょう。「北海道に行きたい」と表示されれば成功です（practice_combi.php）。

　練習の解答はダウンロードファイルをご確認ください。章番号のフォルダ内に同名の解答ファイルが用意されています。

03：変数にデータを格納する

03 | 型の種類を理解する

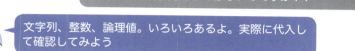

いろいろな型を代入する

新規ファイルを作って、次のように入力してください。

CODE type.php

```php
<?php

$str = 'こんにちは';
$int = 8;           // ❶ 整数を代入する
$bool = TRUE;       // ❷ 論理値を代入する
$float = 3.2;       // ❸ 小数を代入する
$null = NULL;       // ❹ NULLを代入する

var_dump($str);
var_dump($int);
var_dump($bool);
var_dump($float);
var_dump($null);
```

「type.php」というファイル名でhtdocs内に保存し、実行すると次のように表示されます（表示デザインは環境によって若干異なります）。

```
string(15) "こんにちは" int(8) bool(true) float(3.2) NULL
```

順を追って見てみましょう。まず「$int = 8;」ですが、これまでの代入と少し違うのがわかるでしょうか❶。数字の周りにシングルクォーテーションが付いていません。文字列の場合はシングル（もしくはダブル）クォーテーションで囲む、それ以外の型では必要ないと覚えてください。

デバッグ用のコード「**var_dump( )**」（ヴァーダンプと呼びます）を使って変数の中身を表示できます。echoと違い、型やバイト数まで表示してくれます。（　）の中に調べたい変数を入力してください。

> **MEMO** プログラムの中に誤りがあると、その箇所のことを「バグ」と呼びます。「デバッグ」とは、その誤りをなくす（修正する）ことをいいます。変数の中身が予期したものと異なる時、エラーが出ることがあります。その時に、var_dump()というデバッグ専用のコードを使い、コードの型、値、文字数（バイト数）などを調べたりします。

代表的な型を押さえよう

型は代表的なものに以下のようなものがあります。

型の種類

型	読み方	説明	例
string	ストリング：文字列	ローマ字、日本語などを文字列といいます。	「Hello」や「りんご」など
integer	インテジャー：整数	整数は半角数字で表します。全角数字を使うことはできません。	5, -7
boolean	ブーリアン：論理型	2種類のみが存在します。	TRUE, FALSE
float	フロート：小数	小数は整数と分けて考えます。	1.08, 3.14
Null	ヌル：null値	ある変数が値を持たないことを表します。	null

「**文字列**」は人間の理解できる言葉です。「**論理値**」は2択の場合に使います。例えば、Webサイトを訪れた方が会員ならTRUE（トゥルー）、非会員ならFALSE（フォルス）として処理を分けることがあります。**NULL**は、変数に値が格納されていないことをあえて書く時に使います。

> **ATTENTION** プログラミングにおいて、型を意識することは非常に大事なことです。文字列の「3」も、整数の「3」も人間にとっては同じものなのですが、コンピュータからしたら別物です。PHPでは2つのものが同じかどうかを「==」「===」などを使って判定するのですが、「==」では型の違いを自動で直してしまうという特徴があります。厳密に判定したいのであれば「===」を使います。例えば、「'3' === 3」のように書くと、型の判定まで行うので「FALSE」という論理値が返ってきます。この辺りは次章if分にて詳しく解説します。

03：変数にデータを格納する

04 | 代数演算子を使用して計算する

Webサービスで計算をすることがあるのですか？

お買い上げ金額を計算したり、消費税を計算したり、いろいろな場面で必要になるよ

算数を復習しておかないと！

計算結果を出力する

足し算「+」と引き算「-」は小学校で習った表記そのままです。掛け算は「*」（アスタリスク）と割り算は「/」（スラッシュ）を使いますので気を付けてください。それでは以下のコードを新しいファイルに入力し、保存してから実行してみましょう。

CODE calculate1.php

```php
<?php
$x = 5;
$y = 7;
$z = 12;

echo $x + $y;    ❶ 足し算の結果を出力する
echo $y * $z;    ❷ 掛け算の結果を出力する
```

うまくいけば「1284」と表示されます。これは、5+7=12 と 7×12=84 の答えが、連続して表示されてしまうからです。改行を入れたほうが見やすいので、echo から先に以下のように付け加えてください。

CODE calculate2.php

```php
echo $x + $y.'<br>';    ❶ 改行タグを追加する
echo $y * $z;
```

もう一度、ブラウザからアクセスして動作させてみてください。今度は改行されて表示されたはずです。改行させるには、このように HTML の改行タグである
 を追加する必要があるので覚えておいてください。その際、改行タグを「'」でくくって「.」（ドット）で連結します❶。

それでは代数演算子の一覧を見てみましょう。

▽代数演算子の種類

演算子	説明	例
+	数値の和（足し算の答え）	3 + 5 = 8
-	数値の差（引き算の答え）	13 - 7 = 6
*	数値の積（掛け算の答え）	4 * 9 = 36
/	数値の商（割り算の答え）	12 / 4 = 3
%	数値の剰余（割り算の余り）	17 % 6 = 5

剰余とは割り算の余りのことです。剰余（余り）を求めることで、例えば、その数字が偶数か奇数か判定することができるようになります。÷ 2 をして余りが 0 なら偶数、1 なら奇数です。

複雑な計算式の書き方

CODE cal_advance.php

```
<?php
$x = 3;
$y = 8;
$z = 17;

echo $z / ($y - $x).'<br>';     ❶ 丸括弧内を先に計算
echo $z % ($z - ($x + $y));     ❷ 波括弧「{ }」は使用しない
```

1つ目の式 $z / ($y - $x) では（ ）内が先に計算されます。$z が 17、$y-$x の答えが 5 なので、17 ÷ 5 で 3.4 が求められます❶。2つ目の式は、$x+$y（11 になります）が先に行われ、次に $z - 11 が行われます。ここまでで答えは 6 になるので、最後に $z % 6（6 で割った時の余り）で答えは 5 になります❷。

> **ATTENTION** 算数の四則計算と違い、中括弧 {} は使用しないので注意してください。通常の丸括弧だけで計算式を構成します。

練習

①下記のコードに追加して、次の課題を完成させてください。$x は価格（400 円）、$y は個数（6 個）です。この場合の合計金額を消費税込みで表示してください（practice_cal.php）。

CODE practice_cal.php

```
<?php
$x = 400;
$y = 6;
```

03：変数にデータを格納する

05 【実習】送信フォームからデータを送信し、画面に表示する

いずれはフォームに入力したデータを送信して、次のページに渡すようなプログラムが書いてみたいです

 それなら今すぐ可能だよ。これまで習ってきたことを踏まえつつ、POSTという技術を新たに使って実現しよう

準備する

制作の流れ

送信フォームからデータを送信して、確認画面と完了画面でデータを表示させるプログラムを作ります。制作の流れは以下の3ステップになります。まず、完成画像でイメージを明確にしましょう。

1. 送信フォームを作る：send.php

2. 確認画面を作る：confirm.php

3. 完了ページを作る：complete.php

要件定義

システムが何をしなければならないかなどを決定したものを「**要件定義**」といいます。要件定義を行うことで、もれなくシステムが構築できるように進められます。ここでは次のように要件を定義しました。

- 名前と趣味を入力するフォームを用意する。
- 確認ページにデータを渡し、表示する。
- 確認ページから登録ボタンだけで完了ページにデータを渡す。

送信ページを作る：send.php

送信ページを準備する

早速、制作に取り掛かりましょう。htdocs直下に「send.php」というファイルを作ります。以下、すべてのファイルをhtdocs直下に作っていきます。

CODE send.php

```
<html>
<head>
<meta charset="UTF-8">
</head>
<body>
<h1>練習フォーム</h1>
<p>次のページへデータを渡してみよう。</p>
<!-- この下にフォームを追加します -->
</body>
</html>
```

入力フォームを作成する

それでは入力フォームを作っていきましょう。まずは <form> タグを以下のように作ります。

CODE send.php

```
<!-- この下にフォームを追加します -->   ❶
<form action="./confirm.php" method="POST">   ❷ 飛び先のページと送信手段を決定
</form>
```

❶の下にフォームを作っていきます。<!-- と --> でくくった書き方は HTML のコメントアウトといって、ブラウザに表示されないので、そのまま残しておいてかまいません。

まずコメントの下に <form> タグを追加します❷。「**action**」というのは後で追加する送信ボタンを押した時に飛んでいく先のページになります。「./」*(カレントディレクトリ)を入れておくと「このファイルと同じフォルダ（ディレクトリ）内の」という意味になります。これにより、これから作る confirm.php ファイルへデータを持って飛ぶことができます。

次に **method**（メソッド）という項目を設定するのですが、ここは「**POST**」にしておいてください。これは、次のページへデータを渡す方法なのですが、POST を指定するとブラウザのスクリーンに表示せずデータを渡すことができます（他にも「**GET**」という方法があるのですが、詳しくは 8 章で解説します）。ここまででブラウザの表示的には何も変化がありません。

*複数ファイルで構成されるプログラムで実行する場合、最初に実行するファイルからの相対位置となるため「./」はなくてもかまいません。実際の開発では「./」を入れて絶対位置を使いますが、本書は、次章以降、学習しやすいように相対で表記します。

入力欄を作成する

<form></form> タグの間に次のように加えて入力欄を作ります。

CODE send.php

```
<form action="./confirm.php" method="POST">
<label>お名前</label>
<input type="text" name="user_name">   ❶ 受信時の名前を付ける
<label>趣味</label>
<input type="text" name="hobby">   ❷ 受信時の名前を付ける
</form>
```

<input> タグは文字を入力するフォームを用意したり、送信ボタンを表示したりすることができます。type で指定するのは「text」です。これで文字列を入力できるようになります。また、送信先で受け取るための名前が必要になるので、name を「user_name」と「hobby」に設定しておきましょう❶❷。

送信ボタンを設置する

最後に送信ボタンを追加しましょう。

CODE send.php

```
<input type="text" name="hobby">
<input type="submit" value="確認する">   ❶ 送信ボタンを用意する
</form>
```

typeを「submit」にすると送信ボタンが現れます❶。valueはボタンの上に表示される文字を指定します。ここで一度「send.php」をブラウザに表示してみましょう。「localhost/send.php」にアクセスします。フォームが表示されたら何も書き込まずに送信ボタン（「確認する」ボタン）を押してみてください。すると、以下のように表示されます。

　エラーが出ていますが慌てないでください。まだ、confirm.phpを作っていないためです。action先に設定したファイルが存在しないと「Object not found!（対象が見つかりません）」と表示されるので、覚えておいてください。

>
> MEMO 「404」はWebサーバが返してくるHTTPステータスコードと呼ばれるものです。サーバがとった対応（レスポンス）が3桁の数値で返ってきます。「404」はアクセス先のファイルが存在しない時に表示されます。ちなみに要求に応じ、成功した場合は「200」が返されます。

確認画面を作る：confirm.php

POSTデータを受信する

　いよいよ次のページでデータを受け取ってみましょう。「confirm.php」を作りテンプレートとして次のコードを作っておきましょう。

CODE confirm.php

```
<?php
//POSTされてきたデータを取得する
?>

<html>
<head>
<meta charset="UTF-8">
</head>
<body>
<h1>受信ページ</h1>
```

```html
<p>あなたの名前は　さんです。</p>
<p>趣味は　です。</p>
<p>こちらの情報でよろしいですか？</p>
<form action="./complete.php" method="POST">
<input type="submit" value="登録">
</form>
</body>
</html>
```

　送信されたデータを取得するには $_POST という「スーパーグローバル変数」を使います。この変数は送信ボタンを押した瞬間、自動的に作成されます。input の name 欄に指定した名前を使って以下のように書きます。

CODE confirm.php

```php
<?php
//POSTされてきたデータを取得する
$user_name = $_POST['user_name'];   ❶ 入力フォームの値を$user_nameに格納
$hobby = $_POST['hobby'];           ❷ 入力フォームの値を$hobbyに格納
?>
```

　send.php の input で name="user_name" と指定すると、受け取り方は $_POST['user_name'] となります❶。$_POST[] の括弧内の値を「キー」といい、フォームであらかじめ設定しておく必要があります。これで $user_name に入力された名前が格納されます。

> **MEMO** 「?>」は PHP のプログラムが一旦終了になることを意味します。PHP だけで構成されたファイルなら書かないことが推奨されていますが、今回のように HTML と混ぜる場合は必ず必要になります。

動作を確認する

　ここまでで動作を確認してみましょう。ひとまず POST の取得後に以下のようにコードを記入します。

CODE confirm.php

```php
$user_name = $_POST['user_name'];
$hobby = $_POST['hobby'];
var_dump($user_name);    ❶ $user_nameの中身を出力
var_dump($hobby);        ❷ $hobbyの中身を出力
?>
```

　ブラウザから「localhost/send.php」にアクセスして、お名前の欄に「鈴木」、趣味の欄に「キャンプ」と入力して送信ボタンをクリックしてみましょう。直接「confirm.php」にアクセスするのではなく、「send.php」から送信ボタンで移動するようにしてください。成功すると次のように表示されます。

「var_dump()」というのはデバッグ（エラーを見つけて修正する）用のコードで、丸括弧内に指定した変数などの型、文字数、値を表示してくれます❶❷。

HTML内で変数を出力する

それでは、取得した値をHTMLの中で出力してみましょう。var_dump()のコードは削除してください。

CODE confirm.php

```
<h1>受信ページ</h1>
<p>あなたの名前は<?php echo $user_name;?>さんです。</p>
<p>趣味は<?php echo $hobby;?>です。</p>
```

❶ 変数の出力
❷ 変数の出力

このように、HTMLの中に一部だけプログラムを書き込めるのがPHPの特徴です。<?php echo $user_name;?>の部分が「鈴木」などの入力された文字に置き換わります❶。

confirm.phpのフォームには入力欄がないですけど、これでデータが渡せるんですか？

確かにこのままでは無理だね。ここでは隠してデータを渡す、hiddenという方法を使ってみよう

hiddenを使ってデータを渡す

formタグの間に次のように記入してください。

CODE confirm.php

```
<form action="./complete.php" method="POST">
<input type="hidden" name="user_name" value="<?php echo $user_name;?>">
<input type="hidden" name="hobby" value="<?php echo $hobby;?>">
<input type="submit" value="登録">
</form>
```

❶ inputを隠してセット

typeを「hidden」に設定するとブラウザに表示せずにデータを渡すことができます❶。渡すデータ（文字列）はvalueで設定することができるので、value="<?php echo $user_name;?>"というような書き方になります。

Chromeのデベロッパーツールを使ってhiddenの中身を確認する

　Chromeブラウザのデバグ用の機能を使用してみましょう。send.phpにアクセスし、送信ボタンを押してconfirm.phpに移動した時に、「登録ボタン」の上で右クリックし、「検証」を選択します。すると、「**デベロッパーツール**」と呼ばれる画面が出てきて、HTMLのソースコードを確認することができます。ここではhiddenの内容が確認できます。valueの値もしっかりとセットされていることがわかります。

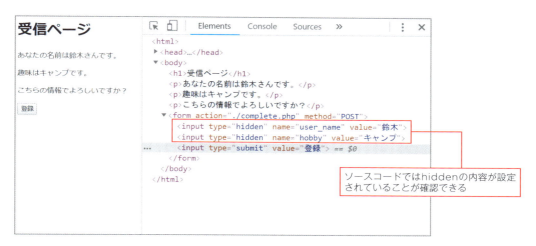

完了ページを作る：complete.php

完了ページでデータの受信、表示をする

　最後のページは、confirm.phpからデータを取得して表示するだけです（一般的にはこの後、データベースへの登録などの処理を行います）。ヒントをコメントにしておきますので、confirm.phpを参考に自身で作ってみましょう。

CODE complete.php

```
<?php
//POSTされた値を取得する
?>

<html>
<head>
<meta charset="UTF-8">
</head>
<body>
<h1>登録ページ</h1>
```

```html
<!--HTMLの中にechoプログラムを埋め込みましょう。-->
<p>こんにちはさん</p>
<p>趣味はですね</p>
<p>登録完了いたしました。</p>
</body>
</html>
```

POSTデータを受け取って、一度変数に格納します。POSTデータを直接echoしても動作しますが、実際の制作では変数に代入後、文字列前後の空白を削除したり、値の検証などを行ったりすることが多いので、一度変数に格納してからあらためてechoするようにしましょう。コメントの内容をコードで表現すると以下のようになります。

CODE complete.php

```php
<?php
$user_name = $_POST['user_name'];
$hobby = $_POST['hobby'];
?>
<!--途中のコードは省略-->
<p>こんにちは<?php echo $user_name;?>さん</p>
<p>趣味は<?php echo $hobby;?>ですね</p>
```

❶ $user_nameをecho
❷ $hobbyをecho

完成コードを確認する

コードを読んで流れを把握する

もう一度コードを読んで、流れを確認していきましょう。打ち間違いはないか、意図のわからないコードはないか、他に必要な機能は何か、あれこれ考えながら読んでみてください。

CODE send.php

```php
<?php

<html>
<head>
<meta charset="UTF-8">
</head>
<body>
<h1>練習フォーム</h1>
<p>次のページへデータを渡してみよう。</p>
<!-- ここにフォームを追加します -->
<form action="./confirm.php" method="POST">
<label>お名前</label>
<input type="text" name="user_name">
<label>趣味</label>
<input type="text" name="hobby">
<input type="submit" value="確認する">
</form>
</body>
</html>
```

送信ページではフォームの action 先を設定しましたね。意外と飛び先のページを設定し忘れてエラーを出すことがありますので要注意です。さらに、こちらはただの HTML ファイルなので「.html」という拡張子の HTML で作っても大丈夫ですが、PHP のほうで HTML を作成してくれるのでその必要はありません。

通常ブラウザに表示するには HTML 文書が必要です。そのため、ファイルは「.html」という拡張子で作る必要があります。しかし、PHP では PHP ファイル内の HTML の記述、および echo などで出力したものを HTML 文書として自動的に作成してくれます。これを Apache という Web サーバが返すことで通常の HTML ファイルと同じようにブラウザで閲覧できるのです。

CODE confirm.php

```php
<?php
$user_name = $_POST['user_name'];
$hobby = $_POST['hobby'];
?>

<html>
<head>
<meta charset="UTF-8">
</head>
<body>
<h1>受信ページ</h1>
<p>あなたの名前は<?php echo $user_name;?>さんです。</p>
<p>趣味は<?php echo $hobby;?>です。</p>
<p>こちらの情報でよろしいですか？</p>
<form action="./complete.php" method="POST">
<input type="hidden" name="user_name" value="<?php echo $user_name;?>">
<input type="hidden" name="hobby" value="<?php echo $hobby;?>">
<input type="submit" value="登録">
</form>
</body>
</html>
```

確認ページでは何といっても hidden という方法が最重要事項です。ブラウザ画面には現れませんが送信ページでの入力値をしっかりと保持しています。

CODE complete.php

```php
<?php
$user_name = $_POST['user_name'];
$hobby = $_POST['hobby'];
?>

<html>
<head>
<meta charset="UTF-8">
</head>
<body>
<h1>登録ページ</h1>
<p>こんにちは<?php echo $user_name; ?>さん</p>
```

```
<p>趣味は<?php echo $hobby;?>ですね</p>
<p>登録完了いたしました。</p>
<p></p>
</body>
</html>
```

　一度変数に格納してから HTML 内で出力しています。ちなみに、クライアントからの入力値はサイトへの攻撃を意図したプログラムが紛れ込んでいる可能性がありますので、出力時には htmlspecialchars() というコードを実行してから出力することが必須となります。セキュリティ関連に関しては、難易度が上がるので必要な時にその都度紹介していきます。

COLUMN　変数に付ける名前のルール

　自由に名前を付けることのできる変数ですが、いくつかのルール（命名規則）があります。エラーになる書き方はもちろん、避けたい書き方も意識して変数名を作るとよいでしょう。後から、混乱しないようにわかりやすい名前を付けることがポイントです。

禁止事項（エラーになる書き方）

×	var	$（ダラー）がついていない
×	$1word	数字から始まっている
×	$hobby-2	「-」（ハイフン）を使っている

エラーにはならないが避けたい書き方

△	$abc	変数名から内容が推測できない
△	$kazu	英語にできるが日本語のローマ字読み（この場合、$numberや、それを省略した$numなどが望ましい。
△	$phone_number_of_user	変数名が長すぎる

良い例

○	$month	英単語でできている
○	$user_name,$userName	二語以上は「_」（アンダーバー）や大文字を使って区切る。$userName は二語目の大文字がラクダのこぶをイメージさせることから「キャメル記法」と呼ばれている。

> Part2　構文&制作編

第4章

if 文を使って処理を分岐する

if 文では、さまざまな状況に合わせて処理を分岐させることができます。意味は英語の「もし～ならば」と同じです。クライアントの入力したデータに応じて処理を変化させたり、時刻や日時によって表示する内容を変化させたりするなど、if 文によってできることが一気に広がります。起こりうるさまざまなケースを考えて処理を組んでいきましょう。

04：if 文を使って処理を分岐する

01 | if 文が動く仕組みを理解する

気づいたんですが、フォームの入力欄を空っぽなまま送信しても、そのまま次のページに行ってしまいます

それでは困ることもあるよね。その問題に対処するのは、もし〜だったら、という if 文を学ぶ必要があるんだ。まずは基礎をチェックしよう

if 文とは

if 文とは、処理を分岐させるときに使う構文です。これにより、特定の条件に当てはまる時だけに処理を実行したり、条件ごとに処理を分けたりすることができるようになり、複雑なプログラムを作ることが可能になります。下の図で処理の流れを確認してみましょう。

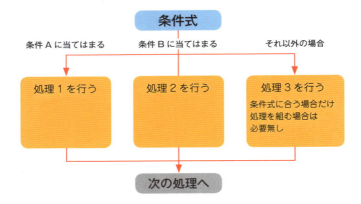

例えば、条件 A と条件 B があります。条件 A に当てはまる時は処理1を、条件 B に当てはまる時は処理 2 を実行できます。if 文では条件に当てはまらない時（else）の処理も用意することができます。if 文の構文も確認してみましょう。

```
if(条件式){
    //処理1を書く
}elseif(条件式){
    //処理2を書く
}else{
    //処理3を書く
}
```

条件式を2つ以上用意する時は、2つ目以降「elseif」に続けて条件式を書きます。それでは本章ではif文の具体的な使用法を見ていきましょう。

if文が動く仕組みを理解する

htdocsのフォルダ（ディレクトリ）にファイルが増えてきました。さらにフォルダを作って分けていきましょう。htdocs内に「practice」という名のフォルダを作ります。さらに、これまでに作ったものはフォルダ「3」を、4章で作っていくファイルはフォルダ「4」を作ってその中に置きましょう。これでフォルダごとにファイルの整理ができます。アクセス時にはURLにファイル階層を入れる必要がありますので注意してください。それではif文の構文を確認するためのコードを作りましょう。

CODE if.php

```php
<?php

$language = 1;          ❶ 変数を初期化する

if( $language === 1 ){  ❷ 変数に格納されたデータと比べる
    echo 'こんにちは';
}elseif( $language === 2 ){  ❸ 追加条件のelseif
    echo 'Hello';
}elseif( $language === 3 ){
    echo 'Bonjour';
}else{                  ❹ その他を表すelse
    echo '入力した数値が違います。';
}
```

if( )の括弧内には**条件式**というものを書きます。例えば今回は、$language === 1 が$languageの値が1だったらという意味になります❷。この条件に当てはまれば、{ }（波括弧）内の処理が行われます。{ }内の記述は、見やすさを考慮して必ず「Tab（タブ）」を入れてください。さらに条件を並べる場合はelseif( )を❸、どの条件にも当てはまらない場合はelseのみで記入しましょう❹。elseif( )とelseは必要な時にだけ記入します。それでは、「localhost/practice/4/if.php」にアクセスして、動作を確認してみましょう。

$language = 1で代入する文字を「2」や「3」に変更して動作を試してみましょう。それ以外の値を代入すると何が表示されるでしょうか。

> **MEMO** 市販の教材では、「==」で判定を行うことが多いですが、本書では基本的に「===」をおすすめしています。「==」は型の判定をせず、文字列の'TRUE'と論理値のTRUEを同じものと判定するなど、セキュリティ上の弱さを生む原因になります。3章で型を学んだ皆さんは、ぜひとも厳密な判定である「===」を使ってみてください。

04：if文を使って処理を分岐する

02 | 比較演算子を使ってみる

イコール3つ「===」が等しいという意味なんですね。代入と混同しそうです

それがプログラミング特有の考え方なんだ。他にもいろいろな条件式が書けるから見ていこう

比較演算子を使ってみる

新しいファイルを作り、次のコードを実行してみましょう。

CODE time.php

```php
<?php

$time = date('G');          ❶ 現在時刻を取得する

if($time < 12){             ❷ もし12時より前なら
    echo '午前です。';
}elseif($time >= 12){       ❸ もし12時以降なら
    echo '午後です。';
}
```

　date( )は現在の時間や日付を取得できる便利な関数で「組み込み関数」と呼ばれています。date('G')と指定することで現在の時刻を24時間制で取得できます❶（組み込み関数については11章で詳しく扱います）。$time = date('G')で$timeには現在時刻(0~23)の値が代入されます。条件式は「===」だけでなく、算数で習った「大なり（>）」「小なり（<）」を使うことができます❷。今回elseでもよかったのですが、あえて練習のためにelseifを使い、12時以降を表す（$time >= 12）と指定してみました❸。算数ではイコールは大なりの下に付けるのですが、プログラミングの世界では順に「>=」と書けば、これで「大なりイコール：その数を含む」を表します。

> **MEMO** XAMPPのPHPではデフォルトのタイムゾーンが「Europe/Berlin」に設定されています。php.iniを「Atom」で開き、date.timezone=Europe/Berlinと書かれた行を探して修正しましょう。修正後は以下のようになります。
>
> ```
> date.timezone = Asia/Tokyo
> ```
>
> 設定ファイルはWindowsでは、C:¥xampp¥php¥php.iniに、Macでは/Applications/XAMPP/xamppfiles/etc/php.iniにあります。iniはinitial settting（初期設定）の略で各種の設定項目が記述されてます。他にもアップロードの制限や、セッションタイムなどを設定できます。デフォルトの文字コードも設定できますが、最新のXAMPPでは始めから「UTF-8」になっているので特に変更の必要はありません。php.iniの設定を反映させるにはApacheを再起動させる必要があります。

比較演算子をまとめよう

次の表は、主な比較演算子の一覧です。「!==」は「等しくなければ」という意味になります。プログラミングでは「!（エクスクラメーションマーク：通称びっくりマーク）」は「否定」に使われます。

比較演算子一覧

演算子	意味	使い方
===	左辺と右辺が等しく、かつ型が等しい場合TRUE	26 === 25 //FALSE
!==	左辺と右辺が等しくない場合TRUE（型が異なる場合を含む）	47 !== 69 //TRUE
<	左辺が右辺より小さい場合TRUE	$x < 7 //$xが4ならTRUE
>	左辺が右辺より大きい場合TRUE	$x > 7 //$xが9ならTRUE
<=	左辺が右辺以下の場合TRUE	$x <= 7 //$xが4や7ならTRUE
>=	左辺が右辺以上の場合TRUE	$x >= 7 //$xが9や7ならTRUE

ここで、if文を理解するために大事なことを説明しましょう。条件式を書くと、条件に当てはまる場合は「**TRUE**」、当てはまらない場合は「**FALSE**」を返してきます。値を返すことを「return」といいます。以下のコードを試してみてください。

CODE return.php

```php
<?php
$num = 5;
var_dump($num < 3);    // ❶ 条件式の結果を表示する
```

画面に「bool(false)」と表示されたはずです。var_dump()はデバッグ用に使うコードでした。ただの式を指定したのに、ちゃんと結果が返ってきています。今回は「5」は「3」より大きいので「FALSE」を返してきていることがわかります。このような「TRUE」と「FALSE」しかないものを**論理値（boolean）**といいます。つまり、if文は論理値に従って条件を分岐させているのです。

練習

① $age に 23 などの数字を代入、20 歳未満なら「未成年です」、20 歳以上なら「成人です」と表示するプログラムを作りましょう（フォルダ「4」に practice_age.php を作ります）。

> **ATTENTION** 生徒さんのよくやる間違いに「;（セミコロン）」の付け忘れがあります。if 文の条件式には「;」がいらないので、その後の { } 内の処理に「;」を付け忘れるエラーが散見されます。その場合、文法間違いを意味する「**syntax error**」と表示されてプログラム自体が動きません。

MEMO 条件分岐にはいろいろな書き方がある？

if 文では「elseif」と「else」は必ずしも必要ではありません。条件式が 1 つだけで、その後の処理も一文しかない場合は省略形の書き方を使う選択肢もあるでしょう。

例えば、元のプログラムが以下のようだったとしましょう。

```
if($bool === TRUE){
    echo 'Hello!';
}
```

これだけの処理であれば、実は波括弧「{ }」は省略して以下のように書くことができます。

```
if($bool === TRUE) echo 'Hello!';
```

条件式と同じ行に処理まで書くことに注意してください。

三項演算子

if 文とは異なるのですが、「三項演算子」という構文を使って同様の処理を書くこともできます。

```
echo $bool === TRUE ? 'Hello!' : ' ';
```

シンプルなのですが若干読みづらい感じもします。このプログラムでは echo する文字列が条件式によって選択されます。「$bool === TRUE」の条件式に当てはまっていた場合、「Hello」が、当てはまらなかった場合は「' '」（空文字）が選択されます。「?」の前が条件式、「:」の両側が TRUE と FALSE の場合の選択項目になります。自身で使わないとしても他者のコードで使われていることがあるので、記述方法を覚えておいてください。

04：if文を使って処理を分岐する

03 | 論理演算子を使ってみる

条件式って（　）内に1つしか書けないんですか？

そんなことはないよ。「かつ」や「もしくは」などの表現を使って、連続させることもできるんだ

論理演算子でもっと複雑な条件を作る

値によって分岐する処理をより複雑にしてみましょう。「condition1.php」を作り、以下のようにコードを打ち込みます。

CODE condition1.php

```php
<?php

$score = 82;
if($score >= 0 && $score < 60){
  echo '平均点以下です。';
}elseif($score >= 60 && $score < 80){
  echo '平均点を超えています。';
}elseif($score >= 80 && $score < 100){
  echo '優秀な点数です。';
}elseif($score === 100){
  echo '満点です！';
}else{
  echo '入力した数値が違います。';
}
```

❶ 80点以上かつ100点未満であれば

if文の条件として、数字が「どこからどこまで」といった書き方をしたいことがあります。この場合、条件式は2つ必要になります。このように2つ以上の条件式をつなげるのが**論理演算子**と呼ばれるものです。「**&&**」は「かつ」や「さらに」を意味し、どちらの条件にも当てはまる場合のみ実行されます。$scoreに「82」を代入するなら「$score >= 80 && $score< 100」（80以上、かつ100未満）の条件式に当てはまることになるので「優秀な点数です」という文字列がechoされます❶。

このプログラムでは最後のelseで0より値が小さい場合（マイナス）や100以上、さらには整数でない場合に、「入力した数値が違います」と表示することができます。フォームから送信される場合、打ち間違いや違反で意図しないデータが渡されることがあるので、そういった場合も考慮してプログラムを書く必要があります。

論理演算子をまとめよう

論理演算子

演算子	意味	使い方
&&	かつ（左右がともに TRUE の場合、TRUE）	3 === 3 && 7 === 9 //FALSE
||	もしくは（左右のいずれかが TRUE の場合、TRUE）	3 === 5 || 6 === 6 //TRUE
!	否定（ではなかったら、TRUE）	!$x === 4 //$x が 3 の場合 TRUE

「&&」は「かつ」という意味があります。「and」を代わりに使うこともできます。「||」は「もしくは」という意味があります。キーボードの「¥」キーを「Shift」を押しながら入力してください。「or」を代わりに使うこともできます。条件式の前に「!」を付けることで、否定を表すこともできます。

点数をランダムにしてみよう

このままでは味気ないプログラムです。もう1つ機能を足してみましょう。$score には 0 ～ 100 までの数値がランダムに代入されるようにしてみます。condition1.php に次のような変更を加えてみましょう。

CODE condition2.php

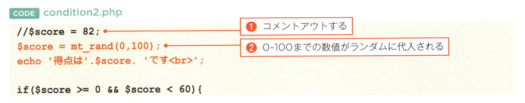

```php
//$score = 82;
$score = mt_rand(0,100);
echo '得点は'.$score. 'です<br>';

if($score >= 0 && $score < 60){
```

変更を保存したらブラウザで確認してみましょう。ブラウザは更新をかけなければ最新のプログラムは反映されませんので「更新ボタン」を押してください。

数値はランダムに表示され、それに合わせてメッセージが出力されます。「更新ボタン」を押すたびに数値やメッセージが変更されます。「//」と同じ行の右に書かれたコードはコメント化（**コメントアウト**）され、実行されなくなります❶。今回は $score = 82; をコメントアウトしておきましょう。

「mt_rand( )」は乱数を作るためのコードです❷。( ) 内には始まりと終わりの2つの数値を設定します。今回はテストが題材ですので 0 から 100 までとします。間にカンマを入れるのを忘れないようにしてください。mt_rand() は**組み込み関数**と呼ばれるもので、( ) 内に設定する数値や文字列のことを**引数（ひきすう）**もしくは**パラメータ**と呼びます。

echo では文字列の連結を表す「.（ドット）」が使われています。
 も付けておけばブラウザで閲覧した時に改行されます。アクセスごとに点数が変わり、表示される文言が変更されます。

04 | 入れ子（ネスト）を使って より複雑な分岐を作る

条件の数だけif文を作ってたら、すごく長いプログラムになっちゃいました

わかるわかる。その場合は入れ子（ネスト）を使えば長文を解消できるかもね

if文の先をさらに分岐させよう

まずは、下のようなPHPファイルを用意してください。

CODE nest1.php
```php
<?php

$attend = 1;
//欠席は0 出席は1
$place ='b';

if($attend === 0){
  echo 'パーティを欠席にて承りました。';
}elseif($attend === 1){
  echo 'パーティを出席にて承りました。';
}
```

　ここまではこれまでのプログラムと同じです。今回は出席者にだけさらに会場名を表示するようにします。これを論理演算子を使って書こうとすると、「パーティに出席、かつ、Aホテルを選択」など煩雑な条件式になっていきます。この状況を見やすく書くために入れ子（ネスト）という方法が用意されています。

論理演算子のかわりに、if文の中にさらにif文を作っていくんですね。これは便利そうです

> **MEMO** if 文の中にさらに if 文を書いていくことを入れ子、もしくはネストと呼びます。
>
> ```
> if(条件式){
>     //処理
>     if(条件式){
>         //処理
>     }
> }
> ```
>
> 　入れ子を作る時のポイントは「**Tab（タブ）**」を入れて見やすく表示することです。タブはキーボード左上の「Tab」キーで挿入できます。半角スペースよりも大きな間隔を空けることができるので見やすさの調整に使われます。

入れ子を使ってさらに処理を分岐させよう

　$place に場所のデータを代入して、表示するメッセージをさらに分岐させていきます。出席の場合の { } 内にさらに if 文を書いていきます。

CODE nest2.php

```php
<?php
～省略～
}elseif($attend === 1){
    echo 'パーティを出席にて承りました。';
    if($place === 'a'){
        echo '会場はAホテルでございます。';
    }elseif($place === 'b'){
        echo '会場はB広場でございます。';
    }
}
```

❶ 入れ子のif文

　これでパーティの出席者にだけ、会場の追加情報を表示できるようになりました❶。ブラウザからアクセスして動作を確認してみましょう。

> **POINT** **PHP7 の新機能　宇宙船演算子？**
>
> 宇宙船演算子では、左右2つの値を比較してそれに応じた返り値を受け取ることができます。
>
> 以下のコード例を見てください。
>
> ```php
> <?php
> // 整数値
> echo 1 <=> 1; // 0
> echo 2 <=> 1; // 1
> echo 1 <=> 2; // -1
> ```
>
> 値が等しい場合は「0」を、左の値が右の値より大きければ「1」、小さければ「-1」が返ってきます。この演算子を使ってもより簡潔なコードが書けそうです。

04：if文を使って処理を分岐する

05 　実習　バリデーション機能を作る

いよいよバリデーション機能の付いたフォームを作っていくよ

バリデーション。つまり入力内容のチェック機能ですね！　本格的！

準備する

制作の流れ

　フォームにはバリデーション機能が必要です。「**バリデーション**」とはフォームの入力内容に間違いがないかチェックすることです。下の画像のように文字が入力されていないなどエラーがある場合は、送信時にその旨を報告するフォームを作成しましょう。

1. 送信フォームを作る

入力フォームを検証しよう

文字を入力してください。

好きな映画　[　　　　　]

［送信］

2. バリデーション機能を組む
3. エラーがあった場合出力する仕組みを作る

要件定義

- 空（文字数0）で送信していないかチェックする。
- 20文字をオーバーしていないかチェックする。
- エラーがある場合はその内容を出力する。

送信ページを作る：validate.php

テンプレートを作成する

　今回は1つのファイルで作っていくので validate.php のファイルを作成してください。

CODE validate.php

```php
<?php
//ポスト内容を取得し、入力値が正しいか検証する。
?>

<html>
<head>
<style type="text/css">
.center{text-align:center;}
input{margin:5px;}
</style>
</head>
<body>
<div class="center">
<h1>入力フォームを検証しよう</h1>
<p>
<?php
//入力内容に誤りがあればエラーメッセージを、正しければ「あなたの好きな映画は〜です」と表示する
?>
</p>
<form action="" method="POST">
<label>好きな映画</label>
<input type="text" name="movie"><br>
<input type="submit">
</form>
</div>
</body>
</html>
```

❶ actionが空の場合は同じファイルに送信
❷ nameをmovieに設定

同じファイルに向かってデータを送信する

　HTML部分はすでに作ってありますので、これを使っていきましょう。注目すべきは「action=""」の部分です❶。クォーテーション内に何も記述しなかった場合は、自身のファイルに向かってデータを送信することができます。「action="validate.php"」としたのと同じです。nameをmovieに設定してデータを送信します❷。

> MEMO　フォーム内容に誤りや違反がないかチェックすることを「バリデーション」といいます。JavaScriptでも入力にエラーがあることを知らせることはできますが、PHPのように違反のチェックを十分にすることはできません。これは、JavaScriptがブラウザに対して命令しているためです。PHPはサーバサイドプログラムと呼ばれ、Webサーバに対して命令をしているので、違反に当たる入力内容を事前にはじくことができます。

送信データを取得して入力値を検証する

　コメントの下に処理を書いていきましょう。

CODE validate.php

```php
<?php

//ポスト内容を取得し、入力値が正しいか検証する。
$movie = $_POST['movie'];           // ❶ POSTデータを取得

if(mb_strlen($movie) === 0){        // ❷ 文字数が0なら
    $err = '文字を入力してください。';
}elseif(mb_strlen($movie) > 20){
    $err = '20文字以内で入力してください。';
}
```

　$_POST のキーにはフォームの input に name で指定した名前を書きます。$_POST['movie'] に直接バリデーションをかけるのではなく、一度変数の $movie で取得しておきましょう。
　mb_strlen( ) は文字列の長さを取得する関数です。mb とはマルチバイトのことで日本語文字を表しています。英語のローマ字「a」が1バイトなのに対し日本語の「あ」は3バイトあるなどそのまま計算すると文字数にずれが生じてしまいます。mb から始まる関数はたくさんあり、それらを使うと、こうした言語間の差を補正することができます。文字数が 0 文字 (空で送信した場合) の時と、20 文字より多かった場合に $err にエラー文を代入しておきましょう。

エラー文の有無により処理を分岐する

コメントの下に処理を書いていきましょう。

CODE validate.php

```php
//入力内容に誤りがあればエラーメッセージを、正しければ「あなたの好きな映画は～です」と表示する
if(isset($err)){                    // ❶ $errが存在していれば
    echo $err;
}else{
    echo 'あなたの好きな映画は'.$movie.'です。';
}
```

　isset( ) は「イズセット」と読み、変数がすでにセットされているかどうかを調べるコードです。変数は値を入力した時点で存在することになります。今回は入力欄に問題があった場合だけ $err という変数が生成（初期化といいます）されますので、isset() で判定をかけるようにしています❶。
　ここで一度ブラウザから localhost/practice/4/validate.php にアクセスしてみましょう。

エラーが出てしまいました。でも慌てないでください。デバッグの仕方を覚えるのもプログラミングの大事な学習です。「**Notice**」とは、エラーがあるので気づいてください、という意味です。ここで、よく出会うことになるエラー「**Undefined**」に着目しましょう。アンデファインドと読みます。「on line 4」とあるのでポストの取得時に問題があるようです。なぜエラーになるのか考えてみましょう。

```
$movie = $_POST['movie'];
```

ファイルを最初から読んでいくとまず、POSTデータの取得が出てきます。しかし、考えてみるとURLを指定してページを訪れただけですから、この時点ではまだPOSTデータの取得をしていないことになります。よって、$_POST['movie']はまだ存在していないことになるので「Undefined」になってしまったのです。

Undefinedが出ないためのプログラム作り

修正していきましょう。次のようにコードを加えます。

CODE validate.php

```
$movie = '';                              ❶ $movieを空文字で初期化する

if($_SERVER['REQUEST_METHOD'] === 'POST'){  ❷ POST送信されたら
    $movie = $_POST['movie'];

    if(mb_strlen($movie) === 0){
        $err = '文字を入力してください。';
    }elseif(mb_strlen($movie) >= 20){
        $err = '20文字以内で入力してください。';
    }
}
```

まずは、$movie = ' '; と「'」(シングルクォーテーション)内を空にしておきます。プログラムではこのような書き方を「**空文字(からもじ)**」といいます。ひとまずこれで$movieという変数ができますので、同変数に対して「Undefined」が出ることはなくなります。

さらに、$_SERVER['REQUEST_METHOD']を調べます。$_SERVERは**スーパーグローバル変数**と呼ばれるもので自動で生成されます。さまざまな情報を得ることができますが、今回はキーに**REQUEST_METHOD(リクエストメソッド)**を指定することでPOSTされてきたかどうかを判定することができます。これにより、送信ボタンを押してアクセスした場合にだけプログラムが実行されるようになったので$_POST['movie']に「Undefined」が出ることはなくなります。

> **MEMO** リクエストメソッドとはページにアクセスする際に使用する方法のことです。単純にURLを入力してアクセスした場合は「**GET**」。フォームから送信ボタンを押した場合には「**POST**」。他にも「HEAD」や「PUT」がありますが、本書では、Webプログラミングで主に使用される「GET」と「POST」を扱います。

完成コードを確認する

コードを読んで流れを把握する

　今回は1つのファイルで課題制作をしました。初回にページを訪れた時にエラーが出ない仕組みを作ることが重要ですね。

CODE validate.php

```php
<?php

$movie = '';

if($_SERVER['REQUEST_METHOD'] === 'POST'){

    $movie = $_POST['movie'];

    if(mb_strlen($movie) === 0){
        $err = '文字を入力してください。';
    }elseif(mb_strlen($movie) > 20){
        $err = '20文字以内で入力してください。';
    }
}
?>

<html>
<head>
<style type="text/css">
.center{text-align:center;}
input{margin:5px;}
</style>
</head>
<body>
<div class="center">
<h1>入力フォームを検証しよう</h1>
<p>
<?php
if(isset($err)){
    echo $err;
}else{
    echo 'あなたの好きな映画は'.$movie.'です。';
}
?>
</p>


<form action="" method="POST">
<label>好きな映画</label>
<input type="text" name="movie"><br>
<input type="submit">
```

```
</form>
</div>
</body>
</html>
```

　通常、URL を打ち込んでアクセスしたり、リンクを踏んでページを訪れたりした場合、リクエストメソッドは「GET」になります。POST データの取得はページ内の送信ボタンをクリックした時にだけ行われるようにしています。

　isset() は変数が存在していない（初期化されていない）可能性がある場合に使われます。このように「Undefined」が出ないように常に意識していく必要があります。「Undefined」は Notice レベルのエラーなのでプログラムが止まってしまうことはないのですが、大きなプログラムになるほど深刻なバグとなって現れるのでしっかりと対処していきましょう。

> **COLUMN** 分岐が多い場合は switch も利用する
>
> 　4 章の 1「if.php」で紹介した if 文を switch 文で書き換えてみましょう。
>
> **CODE** switch.php
>
> ```php
> <?php
> $language = 2;
>
> switch($language){
>     case 1:            ← ❶ $languageが1ならば
>         echo 'こんにちは';
>         break;         ← ❷ ここでswitch内の処理を終了する
>     case 2:
>         echo 'Hello';
>         break;
>     case 3:
>         echo 'Bonjour';
>         break;
>     default:
>         echo '入力した数値が違っています。';
> }
> ```

　上記コードで if 文と同じ動作をします。switch( ) の括弧内に判定したい変数や値を入れます。case 1 とすると、$language == 1 を行い、TRUE(マッチする) の場合には「:（コロン）」以降のプログラムを実行します❶。この時、switch 文を抜け出る break 文を書くことを忘れないように注意してください❷。break 文がなかった場合は、それ以降の処理を始めてしまいます。

　ここで注意しておきたいことは、switch 文では「==」というゆるめの判定（型の判定をしない）をしていることです。整数の 2 と文字列の 2 は同じものと判定されますし、論理値の TRUE と文字列の TRUE も等しいと判定されます。したがって、セキュリティ面を加味しなければならない場面や、複雑な分岐では if 文を使ったほうがよいので、状況に応じて使い分けるようにしましょう。

Part2 構文&制作編

05

第 5 章

while/for で処理を繰り返す

この章では繰り返し処理を扱います。同じようなことを何度も命令しなければならない場合、コードをコピーして修正していくのは非常に手間です。PHP の繰り返し構文を使用すれば、非常に効率的に簡潔なコードが書けるようになります。その便利さを体験してみてください。

05：while/for で処理を繰り返す

01 while の構文を理解する

 おや、何を必死にがんばってるんだい？

生年月日のオプションをすべて手入力してるんです

 それならわずか数行のプログラムでできちゃうよ

while 文とは？

　while 文とは、条件式が満たされるうちは「処理を繰り返す」構文です。これにより同じようなコードを手作業で書いたり、コピーしたりといった作業を減らすことができます。また、何回繰り返せばよいかわからない処理も、コンピュータのほうで計算し、適切なタイミングで処理を終了することができます。while 文のイメージ図を確認しましょう。

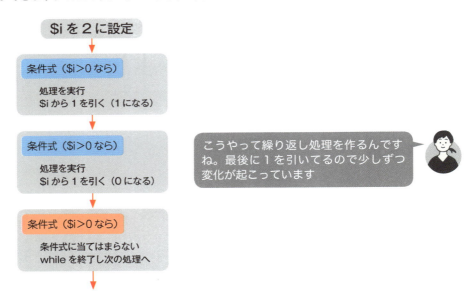

　while 文では $i のような変数に数字を代入し初期化することから始まります。条件式を「$i>0」と用意すれば、**毎回 $i の値をチェックして当てはまる（TRUE を返す）場合は処理を実行し続けます**。ここで大事なのは処理の中で $i の数値も変更することです。例えば「1 を引く」という処理をしておけば、いずれは 0 になる時が来ます。こうすると条件式には当てはまらず（FALSE を返す）while 分の処理が終了することになります。

　条件式は TRUE か FALSE を返すものになっている必要があるため「論理式」とも呼ばれます。

while 文で処理を繰り返す

まずは下のようなコードを作り、実行してみてください。

CODE while.php

```
<?php

$i = 1;                    ● $iの初期化
while($i <= 20){           ❷ 条件式を設定
    echo $i.'行目です。<br>';
    $i++;                  ❸ $iの数値を1増やす
}
```

```
1行目です。
2行目です。
3行目です。
4行目です。
5行目です。
```

　上のように 20 行の表示が出ましたか？たったこれだけの記述でずいぶんたくさんの表示をしました。何が起こったのか確認してみましょう。まず、「$i」という変数に整数の「1」を代入しています❶。while 文では変数名に $i を使用することが多いです。while( ) の括弧内には if 文と同様に条件式が入ります❷。while 文ではこの条件を満たす限り{ }内の処理が繰り返されます。

　「$i++;」は算術演算子の 1 つで「$i = $i + 1;」と同じ意味があります❸。つまり、最初の処理で $i は 1+1 で 2 になるわけです。これは「$i <= 20」の条件式を満たすので、また次の処理が行われます。echo 後にさらに $i++ によって $i の値は 3 になります。これが 20 以下である限り繰り返されるのです。

便利な構文ですね！　連続したタグを書き込むときのヒントにもなりそうです

気づいたかい？　コンピューターならこうした繰り返し処理を簡単に行えるんだ。HTML タグへの応用は実習でやるとして、まずは基礎を確認していこう

while 文と if 文をコラボさせる

それでは、while.php のコードをいじって少し複雑なプログラムにしてみましょう。1~20 までの数で「3 の倍数」のみを表示させます。一旦 echo 文は消去して if 文を挿入しましょう。

CODE while_if1.php

```php
<?php

$i = 1;
while($i <= 20){
   if(条件式){
      //条件を満たした場合の処理
   }
   $i++;
}
```

「3 の倍数だったら」という条件式を作ってみましょう。ヒントは 3 章で学習した代数演算子を使います。

CODE while_if2.php

```php
while($i <= 20){
   if($i % 3 === 0){
      echo $i.'は3の倍数<br>';
   }
   $i++;
}
```

❶ $iを割った余りが0なら

「3 の倍数」の判定は「%」を使います。「%」は剰余、つまり割り算の余りを表しています。3 で割った余りが 0 の時だけ echo するようにプログラムしてみました。動作を確認してみましょう。3 の倍数の時だけ echo されるはずです。

```
3は3の倍数
6は3の倍数
9は3の倍数
12は3の倍数
15は3の倍数
18は3の倍数
```

> **ATTENTION** 今回のプログラムの while の条件式を「$i > 0」にしたとしましょう。この場合、いくら数が増えても条件に当てはまることになり、無限ループという現象が起こります。これは「while(TRUE)」と直接、論理値の「TRUE」を入れた時も同様です。while の条件式は無限ループが起こらないようによく考えて書かなければなりません。XAMPP では php.ini という設定ファイルでこの現象が起きた時に何秒で処理を中止するかを設定しています。しかし、無限ループはパソコンに負担がかかるので実行しないでください。
>
> php.ini の記述例
>
> ```
> max_execution_time=180
> ```
>
> この場合、180 秒後に処理が停止する。

05：while/for で処理を繰り返す

02 複合演算子を使って連続する数字の合計を求める

コードを見やすく簡潔に書いていくのがプログラミングの醍醐味ですね

そうだね。簡潔な書き方として、代数演算子と代入演算子を同時に表現する演算子もあるよ。複合演算子というんだ

繰り返し処理の中で合計を求める

1~20のうち3の倍数と5の倍数だけ合計してみましょう。下のコードに追加修正して完成していきます。

CODE sum1.php

```php
<?php

$i = 1;
$sum = 0;
while($i <= 20){
    if(条件式){
    echo $i.'は3か5の倍数<br>';
    //前の値に上乗せして和を求める
    }
    $i++;
}

echo '合計は'.$sum;
```

条件式には「3の倍数、もしくは5の倍数であれば」という式が必要になりそうですね。また、$sumに数値を追加していき合計値を求める処理を加える必要もありそうです。工夫すればこれまで学習した知識でも十分に表現可能ですよ。以下のようにコードを追加してみましょう。

CODE sum2.php

```php
<?php

$i = 1;
$sum = 0;

while($i <= 20){
    if($i % 3 === 0 || $i % 5 === 0){
        echo $i.'は3か5の倍数<br>';
```

❶ $iが3で割り切れるか5で割り切れれば

```
            $sum += $i;                    ❷ $sumに$iの数値を加える
        }
        $i++;
    }

echo '合計は'.$sum;
```

条件式を追加する場合は、「かつ」を意味する「&&」、「もしくは」を意味する「||」がありました。ここでは $i を 3 で割っても 5 で割っても余りが 0、つまり割り切れる場合、という条件式を作ります❶。合計を求める式では「$sum = $sum + $i;」という式は思いつきましたか？ ここまでの学習でも実現可能です。ここではこの式を簡略化させた「$sum += $i;」という書き方を覚えましょう❷。代入と和算を同時に行っているので「**複合演算子**」と呼ばれます。これで、合計値が計算できるようになりました。

複合演算子をまとめる

複合演算子には以下のようなものがあります。

複合演算子

演算子	説明
+=	値を加えて代入する 「$a += 2」は「$a = $a + 2」と同じ
-=	値を引いて代入する 「$a -= 2」は「$a = $a - 2」と同じ
*=	値を掛けて代入する 「$a *= 2」は「$a = $a * 2」と同じ
/=	値を割って代入する 「$a /= 2」は「$a = $a / 2」と同じ
%=	値を割って余りを代入する 「$a %= 2」は「$a = $a % 2」と同じ
.=	文字列を連結して代入する 「$a .= $b」は「$a = $a.$b」と同じ

どれも「=」の前に代数演算子を付けて表現しています。$a += $b は $a と $b の合計を求めたのち $a に代入し直しています。元の $a に格納されていた値は上書きされます。「=」の前にドットを付けた $a .= $b は文字列を連結するための表現です。$a.$b の値を $a にあらためて代入しています。

練習

① 1〜100 までの整数のうち 7 の倍数の和を求めてみましょう（practice_sum.php）。

05：while/for で処理を繰り返す

03 forの構文を理解する

while 文があれば面倒な処理もすっきり書けて万能ですね

他にも繰り返し処理をできるコードがあるんだ。違いを確認してみよう

☐ for の構文を確認する

CODE for.php

```php
<?php

for($i = 1; $i <= 8; $i++){     ❶ $iに1ずつ加え8になるまで
    echo $i.'行目です。<br>';
}
```

　for の括弧内は（**初期値；条件式；増減式**）で構成されます❶。間は「;」（セミコロン）で区切っていきます。初期値では　$i = 1; のように $i に数字を代入し、初期化します。条件式が当てはまる限り { } 内が繰り返し実行されます。「$i」が 8 以下である限りは echo が行われます。{ } 内を実行後に $i++（これは $i = $i +1 と同じでした）が行われるので繰り返すごとに「$i」の値が増加していることになります。

☐ リストの背景色を交互に変更する

　まずはプログラムを使わずに静的なページとして背景色を付けたリストを作ります。以下のコードを打ち込んでみましょう。HTML と CSS のみで構成されていますが、拡張子は「.php」で保存してください。PHP のほうで HTML と CSS の記述を解釈し、出力してくれます。

CODE list1.php

```html
<html>
<head>
<style>
ul{width:100px;}
.color-red{background-color:red;}     ❶ color-redのクラスは背景を赤に
</style>
</head>
<body>
```

```html
<ul>
  <li class="color-red">1</li>
  <li>2</li>
  <li class="color-red">3</li>
  <li>4</li>
</ul>

</body>
</html>
```

CSSでクラスを設定した<li>タグには背景色を付けるよう指定しています❶。すると表示は以下のようになります。

プログラミングで背景色を変える

リストの背景を交互に色付けする場合、HTML/CSSでは交互に<li></li>を書いていかなければなりません。静的なページで書かれた以下のコードをプログラミングで簡潔に記述していきましょう。

CODE list2.php

```php
<ul>
<?php for ($i = 1; $i <= 20; $i++) {   ❶ 20回繰り返す
    //ここに連続する処理の内容を書き込む
} ?>
</ul>
```

まずは何回繰り返すのかだけ記述しました❶。HTML内に書き込みますので、始まりの宣言（<?php）と終わりの宣言（?>）を忘れないようにしましょう。

if文で行ごとの出力を変化させる

奇数行の場合はクラス付きのリスト、偶数の場合はクラスなしのリストにするにはどんな書き方ができるでしょうか？ そう、if文です！ if文はいたるところに登場する必須コードなのです。

CODE list3.php

```php
<ul>
<?php for ($i = 1; $i <= 20; $i++) {
//ここに連続する処理の内容を書き込む
    if($i % 2 === 1){ ?>         ❶ 奇数の場合
    <li class="color-red">奇数</li>
<?php }else{ ?>                  ❷ それ以外（偶数）の場合
    <li>偶数</li>
```

```
<?php  }                                    ❸ elseの閉じ括弧
}  ?>
</ul>
```

　if($i %2 === 1){ ?>　の「?>」に注目しましょう❶。中途半端なところでプログラムが切れてしまっていますが、PHPではこんな書き方が可能なのです。続きは一行空けて、<?php }else{ ?>の部分です。一度「 } 」を入れて中括弧を閉じ、新たに「 { 」を用意することでelseの場合の処理へつなげています❷。この場合のelseは「奇数の場合以外」なので偶数の場合です。この段階で下のような表示になります。

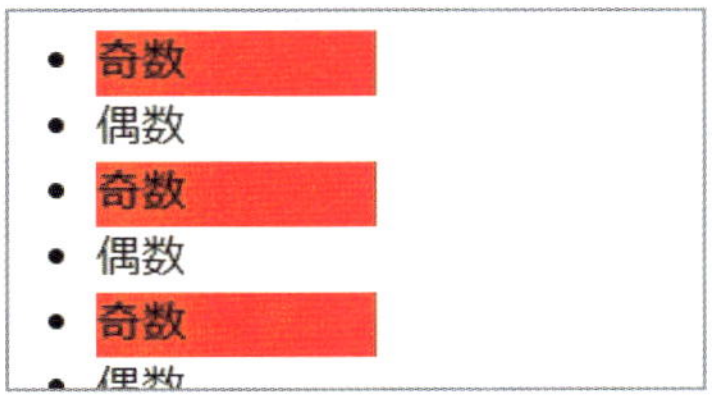

- 奇数
- 偶数
- 奇数
- 偶数
- 奇数
- 偶数

行数を表示する

　最後に、「偶数」「奇数」のところを行番号に置き換えてみましょう。

CODE list4.php

```
<html>
<head>
<style>
ul{width:100px;}
.color-red{background-color:red;}
</style>
</head>
<body>

<ul>
<?php for ($i = 1; $i <= 100; $i++) {
      if($i % 2 === 1){ ?>
          <li class="color-red"><?php echo $i;?></li>     ❶ リスト内で$iを出力する
<?php   }else{ ?>
          <li><?php echo $i;?></li>
<?php   }
      } ?>
</ul>

</body>
</html>
```

リスト内で $i の値を出力してみました❶。再び動作を確認してみましょう。波括弧が閉められていないなどでエラーが出ることが多くあります。エラーが出た場合は注意深く確認してみてください。

> **MEMO** 本書以外の教材で先に PHP を学習された方の中には、次のように、HTML タグを echo (出力) しているコードを見たことがある方もいるかもしれません。
>
> ```
> echo '<li>';
> ```
>
> コードにはさまざまな書き方があって、もちろんそれも正解です。ただ、本書では HTML タグをなるべく echo しないことを推奨しています。
> HTML 部分はプログラマーだけでなく、コーダー（HTML/CSS をコーディングする人）が編集する箇所です。HTML タグが echo されていると見づらいコードになってしまいます。さらに、プログラミングは複数のファイルで管理されるので、どこで echo しているかわからないコードだと編集するファイルがわからないなど生産性の低い環境ができ上がってしまいます。さまざまな役割の人が関わることも考慮に入れて、編集しやすいコードを書く習慣を身に付けることが大事なのです。

練習

① for で 1 から 10 までの数を足してみましょう。（practice_for1.php）

ヒント

CODE practice_for1.php

```
$sum = 0;
//forを使って1から10まで合計する
echo $sum;
```

② `<p>` タグを使って以下のような表示をさせましょう。（practice_for2.php）

```
1行目です。
2行目です。
3行目です。
4行目です。
5行目です。
```

ヒント

CODE practice_for2.php

```
<html>
<body>
<!-- ここにコードを追加する -->
</body>
</html>
```

05：while/for で処理を繰り返す

04 　実習　生年月日を選択するフォームを作る

生年月日の選択フォームは基本的にプログラムで作られているんだよ

これまでの知識でなんだか作れそうな気がします！

準備する

制作の流れ

直接入力してもらうのではなく、選択欄を用意しましょう。もちろん、自動で現在までの年の選択オプションが表示されるようにしたいです。

1. 西暦で現在の年を取得する
2. for を使って option タグを繰り返し出力する。

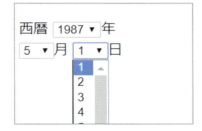

要件定義

- `<select>` タグのオプション部分をプログラムで作ってください。
- 西暦：1950 年から現在の年までオプションで表示しましょう。
- 月日：月は 12 月まで、日付は 31 日まで選択できるようにしましょう。

生年月日の選択欄を作る

HTML 部分を作る

birth_form.php ファイルを作り、下のコードを打ち込んでください。

```
CODE  birth_form.php
<html>
<body>
<h1>生年月日を入力するフォームを作ろう</h1>
<label for="year">西暦</label>
<select name="year">
<option value="1980">1980</option>
<option value="1981">1981</option>
</select>年
<br>
<select name="month">
<option value="1">1</option>
<option value="2">2</option>
</select>月
<select name="day">
<option value="1">1</option>
<option value="2">2</option>
</select>日
</body>
</html>
```

現在の年を取得する

<select>タグの下からphpプログラムを書いていきましょう。まずは以下のように現在の年を取得します。

```
CODE  birth_form.php
<select name="year">
<?php
$now = date("Y");     ← ❶ 現在の年を取得する
?>
</select>年
```

date( )は日付に関する文字列を返してくれます❶。( )内に指定する値を引数（ひきすう）もしくはパラメータといいますが、Yを指定することにより、プログラム実行時の西暦年を取得することができます。よく使うパラメータの一覧を確認しておきましょう。

date( )のオプション

パラメータ	説明	戻り値の例
d	日　二桁の数字（一桁の場合先頭にゼロ）	05, 26
D	曜日　3文字のテキスト形式	Sun, Mon
m	月　二桁の数字（一桁の場合先頭にゼロ）	04, 12
Y	年　四桁の数字	1986, 2017
H	時　24時間単位	08, 23
i	分　二桁の数字（一桁の場合先頭にゼロ）	04, 58
s	秒　二桁の数字（一桁の場合先頭にゼロ）	05, 41

西暦のオプションを for 文で作る

<select> タグの仕組みを確認しておきましょう。<select> タグの name は受け取り時のキーとなります。$_POST['キー'] のような形で取得ができます。<option> タグでは <option></option> に囲まれた部分が表示されますが、実際に送信されるのは value で設定した文字列です。

CODE birth_form.php

```php
<?php
$now = date("Y");
for($i = 1950; $i <= $now; $i++){ ?>
<option value="<?php echo $i;?>"><?php echo $i;?></option>
<?php } ?>
</select>年
```

❶ 1950から現在の年まで繰り返す
❷ 年の選択欄を表示する
❸ forの括弧を閉じる

1950 から取得した現在の年までを繰り返します❶。ポイントは一度 PHP を閉じて <option> タグを記述しておくことです。ここは HTML のエリアになりますので echo は必要ありません。<option> タグの中では数字を echo しておきます❷。一度中断していた for の閉め括弧の記述を忘れないようにしましょう❸。

月日を for 文で作る

同じように for 文を使ってオプションを作りましょう。月は 1 から 12 まで、日付は 1 から 31 まで繰り返します。

CODE birth_form.php

```php
<html>
<body>
<h1>生年月日を入力するフォームを作ろう</h1>
<label for="year">西暦</label>
<select name="year" >
<?php
$now = date("Y");
for($i = 1950; $i <= $now; $i++){?>
<option value="<?php echo $i;?>"><?php echo $i;?></option>
<?php } ?>
</select>年
<br>
<select name="month">
<?php for($i = 1; $i <= 12; $i++){?>
<option value="<?php echo $i;?>"><?php echo $i;?></option>
<?php } ?>
</select>月
<select name="day">
<?php for($i = 1; $i <= 31; $i++){?>
<option value="<?php echo $i;?>"><?php echo $i;?></option>
<?php } ?>
</select>日
</body>
</html>
```

> **MEMO** 実践的に考える方は、月に連動して日数を変更したいと考えたことでしょう。例えば、1月は31日まで、2月は28日までです。しかしながら、実はこれが実現できるのはPHPではなく、JavaScriptという言語なのです。PHPでは月が選択されたことをサーバで感知せねばなりません。つまり、送信ボタンを押す必要があるのです。それに対して、JavaScriptではオプションの選択を感知して、すぐさまプログラムを実行することができます。サーバと連動していないので「非同期通信」と呼ばれています。
> では、JavaScriptのほうが優秀なのかというと、JavaScriptでは、その言語だけでデータベースを操作したりサーバ上にファイルを保存したりといったことはできません。言語ごとにできることとできないことがあり、役割分担があることを覚えておいてください。

COLUMN 繰り返し構文の使い分け

while 文と for 文、どちらも繰り返しの処理をするコードです。ではどのような使い分けをすればいいのでしょうか。それぞれのコードの特性を考えていきましょう。

while 文

条件が合う限り繰り返し処理をさせたい場合に使用します。繰り返す回数がわからなくてもかまいません。例えば、1〜1000まで9の倍数の合計を求める場合は while 文が適しています。

for 文

繰り返す回数を指定したい場合に使用します。月日のようにあらかじめ繰り返す回数が決まっている場合には for 文の使用が適しています。

この他の繰り返し構文

while と for 以外にも「foreach」という繰り返し構文があります。これは配列に対して繰り返し処理をかけるのですが、配列を扱う次章でまとめて扱います。データベースから取得したデータは配列で返ってくるため、非常によく使う繰り返しコードといえます。

> **Part2** 構文＆制作編

06

第 6 章

配列を使って
複雑なデータを管理する

これまで1つの変数に1つのデータを格納してプログラムを作ってきました。今後、プログラムが複雑になるにつれて複数のデータをいっぺんに扱う仕組みが必要になってきます。それを実現するのが「配列」です。実はデータベースから取得したデータも配列の状態になっています。どのような仕組みなのか学んでいきましょう。

06：配列を使って複雑なデータを管理する

01 配列の仕組みを理解する

フォームを作って、バリデーション機能も作れるようになりました。いよいよデータベースですか？

 データベースを使ってみたい気持ちはわかる！ でもあと1つ、先に配列を学んでおいたほうがいいよ

配列の役割を確認する

まずは、書きながら配列の作り方を体験していきましょう。下のようにコードを作り動作させてみてください。

CODE array1.php

```php
<?php

$array = array();            // ❶ 配列として初期化

$array[] = 'リンゴ';          // ❷ 自動的に[0]の添え字が割り振られ保存される
$array[] = 'みかん';
$array[] = 'バナナ';
var_dump($array);
```

すると、以下のように表示されます。

`array(3) { [0]=> string(9) "リンゴ" [1]=> string(9) "みかん" [2]=> string(9) "バナナ" }`

array（アレイ）の中身は3つで、「リンゴ」「みかん」「バナナ」の文字列が上書きされることなくすべて格納されています。$array = array(); により、$arrayは配列として認識されます❶。これは、いわば大きな箱です。ここに、$array[] = 'リンゴ'; といった書き方で文字列を代入していくことで自動的に、文字列を格納するための小さな箱ができます❷。この小さな箱には「0」、「1」、「2」と数字が割り振られます。これを「**添え字**」といいます。プログラミングでは基本的に整数は「0」からスタートするので注意が必要です。この小さな箱は、これまで学習してきた変数と同じ役割をしています。つまり、メモリー上にデータを保存するためのエリアを確保しているわけです。

それでは配列を理解するのにイメージ図を用いながら考えていきましょう。

配列イメージ

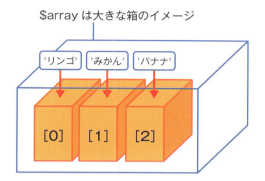

配列から特定のデータだけ出力する

var_dump($array); を置き換えて以下のように入力してください。

CODE array2.php

```
$array[] = 'バナナ';
echo $array[2];
```

❶ 添え字2のデータを出力する

あらためて実行すると、「2」の箱の中身、つまり「バナナ」だけが表示されます。これが配列の仕組みなのです。

> **MEMO** 配列の名前は $array である必要はありません。その中身に応じて、$profiles や $posts など自由に名前を設定できます。ただし変数の時と同様、数字始まりの配列名は NG です。配列の中身は複数あることが多いので、配列名は $profiles のように複数形にしておくほうがイメージしやすいです。

配列のキーに名前を付ける

先ほど、自動的に [0]、[1]、[2] などと数字の付いた箇所を「キー」といいます。キーは添え字（自動的に振られる数字）以外にこちらで名付けることもできます。以下のコードを記述してみてください。

CODE array_assoc1.php

```php
<?php

$array = array();//配列として初期化

$array['name'] = '鈴木';            ❶ キーをnameとしてデータを保存する
$array['hobby'] = 'テニス';
$array['email'] = 'sample@sample.com';
var_dump($array);
```

この場合、var_dump()での出力結果は以下のようになります。

```
array(3) { ["name"]=> string(6) "鈴木" ["hobby"]=> string(9) "テニス" ["email"]=> string(17) "sample@sample.com" }
```

キーに「name」や「hobby」などの名前が設定されています。では個々にデータを取り出す場合はどうでしょうか。var_dump()を削除して書き換えてみましょう。

CODE array_assoc2.php

```php
$array['email'] = 'sample@sample.com';
echo $array['name'];            ❷ キーがnameのデータだけを出力する
```

このようにすれば個々に出力できそうです。しかもキーが「name」となっているため、「人の名前が入っているのかな？」とイメージしやすいです❷。このことから、自身でキー名を名付けた配列を「**連想配列**」と呼びます。次章で学習する「データベース」から取得したデータは、「カラム」と呼ばれる分類名をキーとした連想配列になっています。

配列を効率的に書く

配列の書き方は、他にも存在します。複数のデータを一度に格納する場合は、以下のように書くのがよいでしょう。

CODE array_other.php

```php
$array1 = array();//配列として初期化
$array2 = array();

$array1 = array('リンゴ', 'みかん', 'バナナ');          ❶ キーが添え字になる配列を作る

$array2 = array('name' => '鈴木', 'hobby' =>'テニス', 'email' => 'sample@sample.com');
                                                         ❷ 連想配列を作る
```

結果は、$array1はarray1.phpと同様、キーとして自動的に「0」からの番号が振られます❶。$array2は連想配列になります❷。「=>」はダブルアロー演算子といい、連想配列を作る時に使われます。

06：配列を使って複雑なデータを管理する

02 | foreachは配列専用の繰り返し構文

配列のイメージが何となくつかめてきました。しかし、個別に表示するとなると結構大変そうですね

全部書くとしたら面倒だよね。しかし繰り返すという処理はコンピュータの得意分野！実は配列専用のforeach( )というコードを使ってスムーズに出力できるんだ

foreach( )は配列の要素数に応じて繰り返す

foreach()を使ってみましょう。試しに以下のコードを記述して動作させてみてください。

CODE foreach1.php

```php
<?php

$array = array(
  'name'  => '鈴木',
  'hobby' => 'テニス',
  'email' => 'sample@sample.com'
  );

foreach($array as $key => $var){
  echo $key.':'.$var.'<br>';
}
```

❶ 配列はキーごとに行を分ける

❷ $keyにキー名、$varにデータが代入される

配列は見やすく整形してあります❶。キー名を縦にそろえると見やすいです。foreach( )は配列の要素数に応じて繰り返し処理をしてくれます。要素数というのは大きな箱の中に作られている小箱の数のことです。今回の配列では3つです。構文は、foreach(配列 as キー名 => データを格納する変数)という構成になります❷。この時、$keyにはキー名、$varにはその中身のデータが代入されます。$keyや$varが使われやすいですが、変数はこの時点で初めて初期化されるのでforeach($array as $column => $item)など自由に変数名を作ることができます。{ }内ではこの変数名を使用してecho処理をしています。下の図で構成を確認してみましょう。

```
foreach($array as $key => $var){
  echo $key.':'.$var.'<br>';
}
```

- `$key`: name、hobby などキー名が代入される
- `$var`: 「鈴木」、「テニス」などの中身が代入される
- `echo $key.':'.$var.'<br>';`: 文字列、変数がドットで連結されている。
  1周目は $key に name、$var に鈴木が代入される
  2周目は $key に hobby、$var にテニスが代入される

ブラウザ上で改行を入れるために簡易的に
 タグを入れています。デザイン的には <p> タグなどを使って改行することが推奨されます。

foreach( )のキーは省略できる

キー名はプログラマーが中身を把握するための名前であり、そのまま出力することは多くありません。下のコードはキー名を省略した書き方です。

CODE foreach2.php

```php
foreach($array as $var){    ❶ キー名を省略している
  echo $var.'<br>';
}
```

$var には繰り返し、要素の値が代入されます。「as」とは「~ として」を意味する英語で、$array の要素を $var として取り出しています❶。

練習

次のコードに追加して、課題を解いてみましょう。

CODE practice_array.php

```php
<?php

$array = array(
  'name' => '佐藤',
  'age' => 27,
  'blood' => 'AB'
  );
```

①キー「age」の中身だけを指定して出力しましょう。
② foreach( ) を使用して配列の中身をすべて出力しましょう。

06：配列を使って複雑なデータを管理する

03 | 二次元配列を理解する

 今度は二次元配列を扱ってみよう

 なんだか難しそうな名前ですね。先ほどまでと何が違うんですか？

 配列の中に配列を入れるようなイメージかな。ようやくこれでデータベースから取得したデータと同じ状態になるよ

二次元配列のデータを出力する

CODE array_nijigen1.php

```php
<?php
$arrays = array(

    0 => array(          ← ❶ 配列の中にさらに配列を作る
    'name' => '鈴木',
    'hobby' => 'テニス',
    'email' => 'sample@sample.com'
    ),
    1 => array(
    'name' => '山田',
    'hobby' => 'パソコン',
    'email' => 'sample2@sample2.com'
    ),
    2 => array(
    'name' => '斉藤',
    'hobby' => '水泳',
    'email' => 'sample3@sample3.com'
    )

);
```

このコードの中から「山田」さんの名前だけを出力してみましょう。配列の後に次のように記述します。

CODE array_nijigen1.php

```
    'email' => 'sample3@sample3.com'
    )
```

```
    );
echo $arrays[1]['name'];
```
❷「山田」の文字列を出力する

　$arrays[1] は $arrays の中に格納され「1」と名付けられた配列を表しています❷。その中のデータを取り出すにはさらに [] を使ってキーの名前を指定します。すると $arrays[1]['name'] といった書き方になるのです。

多次元配列のイメージをつかむ

　先ほどのサンプルコードのイメージを画像を使ってつかんでいきましょう。

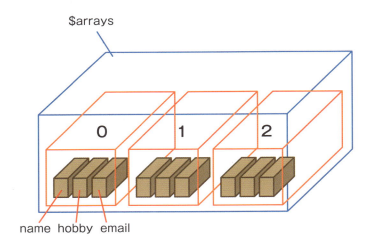

　上の図が二次元配列のイメージです。$arrays の大箱の中に、番号の付いた中箱、さらにその中に name、hobby と名前が付いた小箱があります。1の箱の email を指定するには $arrays[1]['email'] となります。また、さらに大きな箱に詰めていくこともできるので多次元配列はどこまでも深くすることが可能です。

HTML でテーブルを組む

　実践を考慮して HTML の中で配列の中身を出力してみましょう。array_nijigen1.php にコードを追加してみましょう。一度 PHP の記述を終了するので「 ?> 」を書き忘れに注意しましょう。

CODE array_nijigen2.php

```
//echo $arrays[2]['name'];
?>
<html>
<body>

<table border="1">
<tr><th>名前</th><th>趣味</th><th>メールアドレス</th></tr>
```
❶ コメントアウトしておく

```
<tr><td>鈴木</td><td>テニス</td><td>sample@sample.com</td></tr>
</table>

</body>
</html>
```

上記コードではタグ内がすでに記述されている静的なページになります。

foreach( ) で配列の中身を出力する

PHPを使って配列の中身を出力していきましょう。<td> タグ内の内容は削除して、以下のように foreach( ) を使ったコードに書き換えましょう。

CODE array_nijigen2.php

```
<tr><th>名前</th><th>趣味</th><th>メールアドレス</th></tr>
<?php foreach($arrays as $row){ ?>       ❶ $rowとして要素を取り出す
<tr><td></td><td></td><td></td></tr>
<?php } ?>
</table>
```

次に、<td></td> タグの間で配列の要素の値を出力する echo の命令を出しましょう。横に長くなるので見やすく整形しましょう。

CODE array_nijigen2.php

```
<?php foreach($arrays as $row){ ?>
<tr>
    <td><?php echo $row['name'];?></td>    ❷ $row配列の中身をechoする
    <td><?php echo $row['hobby'];?></td>
    <td><?php echo $row['email'];?></td>
</tr>
<?php } ?>
```

二次元配列 $arrays には配列が格納されています。これを $row と名付けて取り出しています❶。echo する時にはさらに連想配列のキー名を指定する必要があります。$row 配列のキー name を echo したければ $row['name'] と記述します❷。動作を確認してみましょう。以下のように表示されれば成功です。

名前	趣味	メールアドレス
鈴木	テニス	sample@sample.com
山田	パソコン	sample2@sample2.com
斉藤	水泳	sample3@sample3.com

デザイン的な観点では、HTML タグは echo で出力しないほうがよいといわれています。コーダー(HTML/CSS を書く人)が編集しやすい状態を残しておくようにしましょう。

06：配列を使って複雑なデータを管理する

04 実習 チェックボックスの値を取得し表示する

 複数選択可能なフォームをチェックボックスというんだ

 見たことあります！複数の値をどうやって受け取るのか疑問でしたけど、ここで扱うってことは配列で受け取るってことですね

準備する

制作の流れ

1. 送信ページを作る

チェックボックスを使ったフォーム

好きな色を選択してください（複数選択可）

☐青 ☐赤 ☐黄 ☐緑 ☐紫 ☐白 ☐橙

[送信]

2. 配列としてデータを取得する
3. foreach を使って表示する

受信ページ

好きな色

- 青
- 黄
- 紫

要件定義

- checkbox を使って好きな色を選択し、送信できるようにしましょう。
- 取得後のデータはリスト表示してみましょう。
- 出力時はセキュリティを意識してエスケープ処理をしましょう。

送信ページを作る

チェックボックスを用意する

checkbox_send.php ファイルを作りましょう。こちらが入力フォーム画面になります。

CODE checkbox_send.php

```html
<html>
<body>
<h1>チェックボックスを使ったフォーム</h1>
<p>好きな色を選択してください（複数選択可）</p>
<form action="checkbox_receive.php" method="POST">
<p>
<input type="checkbox" name="colors[]" value="青">青
<input type="checkbox" name="colors[]" value="赤">赤
<input type="checkbox" name="colors[]" value="黄">黄
<input type="checkbox" name="colors[]" value="緑">緑
<input type="checkbox" name="colors[]" value="紫">紫
<input type="checkbox" name="colors[]" value="白">白
<input type="checkbox" name="colors[]" value="橙">橙
</p>
<input type="submit">
</form>
</body>
</html>
```

❶ colorsに[]を付加する

 <input> タグに name="colors[]" と入っていることを確認してください❶。この角括弧（[]）は必須です。[] はこれから送るデータが配列であることを示すので、書き忘れるとデータは1つしか送信できません。複数データの送信には必ず記入しましょう。

受信ページを作る

受信ページの HTML を組む

併せて受信用の checkbox_receive.php を用意しましょう。

CODE checkbox_receive.php

```php
<?php
//チェックボックスの値を取得しましょう
?>

<html>
<head>
<meta charset="UTF-8">
</head>
<body>
```

```
<h1>受信ページ</h1>
<h3>好きな色</h3>

</body>
</html>
```

受信データの値を確認する

データを受信して var_dump( ) してみましょう。コメントの下に以下のように記述します。

CODE checkbox_receive.php

```
//チェックボックスの値を取得しましょう
$colors = $_POST['colors'];         ❶ 配列を取得する
var_dump($colors);
```

ここまでで動作を確認してみましょう。checkbox_send.php にアクセスしてチェックボックスを複数選択してみましょう。送信すると以下のように表示されます (青、黄、紫を選択した場合)。

```
array(3) { [0]=> string(3) "青" [1]=> string(3) "黄" [2]=> string(3) "紫" }
```

自動的に**添え字**（数字）が付く形の配列として取得していることがわかります❶。個別にデータを取り出す場合は、$colors[0] や $colors[1] などと記述します。では、今回はこれをリスト表示していきます。var_dump( ) はデバッグ用でしたのでコメントアウトしておきましょう。

配列を foreach で出力する

配列には専用の foreach がありました。<li></li> を foreach で繰り返して、<li> タグの中で echo しましょう。

CODE checkbox_receive.php

```
<h3>好きな色</h3>
<ul>
<?php foreach($colors as $var){?>      ❶ 配列の要素数分を繰り返す。
<li><?php echo $var;?></li>
<?php } ?>
</ul>
```

foreach は配列の要素数に応じて繰り返す回数を決定します❶。チェックボックスで選んだ項目の数だけ <li> タグが作られます。

悪意のある特殊文字を変換する

フォームからの入力内容は、基本的にすべての出力時に特殊文字の変換を行っていなければなりません。それはチェックボックスであっても例外ではありません。チェックボックスの値はクライアント側で変更することができてしまうので、悪意のあるプログラムを送信し、実行することも可能です。そこで、出力前に < > などの特殊文字やプログラムに使用される「'」（シングルクォーテーション）などのプログラム的な効果をなくしてしまう必要があります。ここで使用するのは htmlspecialchars( ) というコードです。

```
htmlspecialchars(文字列,オプション,文字コード)
```

それでは、一般的な書き方で echo $var の箇所にコードを追加してみましょう。

CODE checkbox_receive.php

```php
<?php foreach($colors as $var){?>
<li><?php echo htmlspecialchars($var, ENT_QUOTES ,'UTF-8');?></li>
```

❶ 特殊文字を変換する

（）内には3つの項目を指定しています。左から順番に第1引数、第2引数、第3引数と呼びます。第1引数には変換する文字列を指定します。第2引数は「ENT_QUOTES」を指定することが一般的です。これにより「'」（シングルクォーテーション）、「"」（ダブルクォーテーション）のどちらも変換されます。第3引数では出力時の文字コード「UTF-8」を指定しています。クライアントから受信したデータを出力する場合には、必ず htmlspecialchars( ) の処理を加えるようにしましょう。

完成コードを確認する

コードを読んで流れを把握する

今回は配列データの送信を扱いました。一見データの取得までは同じように見えますが、その後の foreach を使った処理など配列であることを意識した処理が必要になります。

CODE checkbox_receive.php

```php
<?php
$colors = $_POST['colors'];
?>

<html>
<head>
<meta charset="UTF-8">
</head>
<body>
<h1>受信ページ</h1>
<h3>好きな色</h3>
<ul>
<?php foreach($colors as $var){?>
<li><?php echo htmlspecialchars($var,ENT_QUOTES,'UTF-8');?></li>
<?php } ?>
</ul>
</body>
</html>
```

配列データを取得した場合は、$colors のように名前を複数形にしておくなどして配列であることをわかりやすくしておくとよいでしょう。今回重要なのは、セキュリティ面でチェックボックスであっても油断はできないということでしたね。送信データは簡単に編集することができるので、出力時には JavaScript などのプログラムが動作できないよう無効化しておく必要があります。それが、htmlspecialchars() です。

また、今回は出力するだけのプログラムでしたが、次章以降で扱うデータベースへの保存の場合は、当然無害な文字列に変換してからデータを保存します。出力におけるデータの無害化とデータベース保存時の無害化は方法が異なりますので注意してください。詳しくは、次章以降で扱います。

> **COLUMN 特殊文字の変換**
>
> HTML 上に「<」を書くとタグの開始とみなされてしまい、文字として「<」を書きたい時に区別できなくなってしまいます。そのため、「<」のような特殊文字をただの文字として認識させるための表記方法が用意されています。例えば HTML 上に「<」と記入すれば文字としての「<」になります。
>
> htmlspecialchars() が内部的に行っているのは、こうした意味を持つ特殊文字を「ただの文字」に置き換えることです。これにより、HTML タグとしての効力を失わせたり、JavaScript といったプログラムの実行を防いだりできるのでセキュリティ上、必須の処理となります。

> **COLUMN チェックボックスの値は変更できる**
>
> 6 章の 4 ではチェックボックスに対しても htmlspecialchars() をかけました。やりすぎのように感じるかもしれませんが、これは必要な処理です。checkbox_send.php にアクセスして Chrome のデベロッパーツールから見てみましょう。
>
> ソースコードを表示して <input> タグの value 付近をダブルクリックすると簡単に編集することができます。
>
>
>
> 上のような画面からソースコードの値を変更することができてしまうので、チェックボックスの値であってもしっかりとバリデーションをかけて、意図したデータが送信されたかどうか確認する必要があります。さらに出力時には htmlspecialchars() という特殊文字の変換処理を施し、二重三重にセキュリティ対策を行っていくことが必要になります。

Part2 構文＆制作編

07

第 7 章

データベースと連動する

いよいよデータベースの登場です。ここまででデータベースのデータを扱うための知識（変数、if 文、while 文、配列、foreach 文）は習得済みです。ここではその集大成として PHP とデータベースを連動させてみましょう。データベースを使えるようになれば会員管理や、商品管理、ショッピングサイトやマッチングサービスなどできることが一気に広がります。この章では最初に phpMyAdmin という便利なデータベース管理のツールを使ってイメージをつかみ、後半では PHP からの操作に移っていきましょう。

07：データベースと連動する

01 | phpMyAdminからデータベース、テーブルを作成する

いよいよデータベースですね！　どのようなものかイメージできませんが楽しみです

 phpMyAdmin という視覚化されたツールがあるから、まずはそれを使えるように設定していこう

□ phpMyAdmin とは

　XAMPP には MySQL を簡単に扱うためのツールである phpMyAdmin が入っています。コントロールパネルから簡単にアクセスできるので、データベースのイメージを深めるためにも使ってみることをおすすめします。まずは、コントロールパネルを表示しましょう。Windows では「C:¥xampp¥xampp-control.exe」、Mac では「/Applications/XAMPP/xamppfiles/manager-osx.app」にあります。

　MySQL を起動し、http://localhost/phpmyadmin/ にアクセスします。Windows の場合は MySQL の「Admin」というボタンからのアクセスも可能です。

Windowsの場合

http://localhost/phpmyadmin/ にアクセスすると、下のような画面が現れます。

サイドバーから「New」という部分をクリックしましょう。データベース作成用の画面が現れます。

データベース名を sample とし、照合順序を utf8_general_ci としておきましょう。作成ボタンを押し、データベースを作ります。

照合順序

照合順序は文字列の検索に関する設定で、一般的に utf8_general_ci を設定します。よく使う照合順序を紹介します。

- **utf8_general_ci**：アルファベットの大文字小文字は区別しない
- **utf8_unicode_ci**：大文字小文字／全角半角を区別しない　「AAA（半角）」で検索すると「ＡＡＡ（全角）」や「ａａａ（全角）」もマッチする
- **utf8_bin**：完全一致

> **COLUMN　照合順序の使い分け**
>
> 例えば「AQUA」という商品名があったとします。普段一般の方で全角半角を意識してタイピングしている方は少ないようです。この場合、「AQUA」「aqua」「Aqua」などと検索される場合に加え、「ＡＱＵＡ」（全角）など 全角で検索される場合も想定しなければなりません。もしそれが商品名であったら、全角と半角の違いだけで 販売機会が失われる可能性もあるわけです。検索ごとに指定することも可能なので基本は general_ci、あいまいな検索も可能にしたければ unicode_ci を選ぶようにしましょう。

テーブルを作成する

データベース作成後は sample データベースが選択され、下のようにテーブルの作成画面が現れます。今回は試しに、ユーザのデータを管理するための「user」テーブルを作ってみましょう。

名前を user、カラム数を 4 にし「実行」ボタンをクリックします。テーブルのカラムを設定する画面が現れるので以下のように設定してみましょう。後で詳しく説明をします。

	名前	データ型	長さ	その他
カラム1	id	INT	10	インデックス：PRIMARY を選択、A_I：チェックを入れる
カラム2	name	VARCHAR	50	ー
カラム3	age	INT	3	ー
カラム4	email	VARCHAR	100	NULL：チェックを入れる

カラム1のPRIMARY 設定時には以下のようなダイアログが現れますが、そのまま「実行」をクリックします。

すべて記入すると以下のようになります。右下の「保存する」をクリックしましょう。データを記録しておくためのテーブルが作成されました。

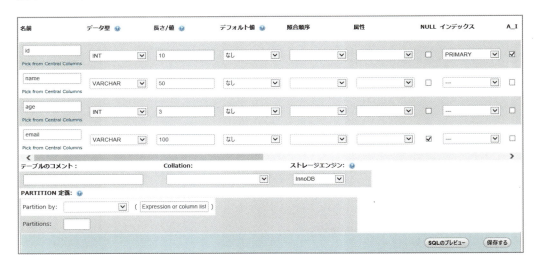

カラムの構成を理解する

データ型の種類

データベースでは保存時のデータ型をあらかじめ指定する必要があり、異なったデータを保存しようとするとエラーが出ます。主に使われるデータ型を確認しましょう。

データ型の種類

型	概要	例
INT	数値	-2147483648 ～ 2147483647
TINYINT	小さい数値	-128 ～ 127
VARCHAR	文字列	文字列の長さは 65535 バイトまで
TEXT	文字列	文字列の長さは 65535 バイトまで
DATETIME	日付	1000-01-01 00:00:00 ～ 9999-12-31 23:59:59
MEDIUMBLOB	バイナリ（2進数）ラージオブジェクト	画像などのデータを保存するときに使用します。

まずは、INT、VARCHAR、DATETIME を覚えてください。INT は integer のことです。VARCHAR は PHP の string に近い意味があります。このようにデータベースも登録時に型を意識するものなのです。電話番号に -（ハイフン）を含む場合は VARCHAR になります。

長さ	長さは基本的にバイト数を表します。数字の場合、型によって上限と下限が決まっていますが、ここでは桁数で上限を指定します。例えば、INT で長さが「3」であれば、三桁までの整数が有効であることを表します。指定した以上のデータを保存しようとするとエラーが出ます。
NULL	NULL（空文字を含め値がない）を許すかどうかを設定します。チェックが入ってないカラムは、データ書き込み時に挿入するデータを用意しないとエラーとなります。
インデックス	同じ値を許さない場合は「PRIMARY」を指定します。PRIMARY を設定した場合、A_I にチェックを付けることが多いです。「A_I」は「オートインクリメント」と呼びます。こちらをチェックすると 自動的に数字が割り振られます。

次は、今作ったテーブルにデータを書き込んでいくんですね

07：データベースと連動する

CHAPTER 07

02 | phpMyAdminからデータを挿入、削除する

データベースの場合も、しっかりと型を意識して作ることが大事なんですね

その通り！慣れてきたらVARCHAR以外にもいろいろな型を使っていくといいよ。それでは実際にデータベースを操作してみよう

データを挿入してみよう

userテーブル選択時に、ナビゲーションの「挿入」ボタンをクリックします。すると以下のような画面が現れます。

以下のように値を設定しましょう。関数のところは設定しなくても大丈夫です。

カラム名	値
id	空（何も書かないでください）
name	鈴木太郎
age	26
email	sample1@sample1.com

実行ボタンを押します。実行後の画面を確認してみましょう。

✔ 1行挿入しました。
id 1 の行を挿入しました

INSERT INTO `sample`.`user` (`id`, `name`, `age`, `email`) VALUES (NULL, '鈴木太郎', '26', 'sample1@sample1.com');

さて、ここで画面上に確認できるのがSQL文です。今は、phpMyAdminというPHPででき

たツールを使って、フォームから実行ボタンを押しましたが、実際には SQL 文が作られて実行されたことになります。PHP からデータベースを操作する場合もこの SQL 文を作る必要があります。

SQL 文の構造を確認する

次の SQL の構文を見てください。

```
INSERT INTO `sample`.`user` (`id`, `name`, `age`, `email`) VALUES (NULL, '鈴木太郎', 26, ' sample1@sample1.com ');
```

SQL の構文はすっきりしていてわかりやすいです。「INSERT」はデータを挿入するための命令です。INTO の後ろはデータベース名.テーブル名、( ) 内にはデータを挿入したいカラム名を指定します。VALUES には挿入したい内容を入れます。1つ目に NULL を設定しているのは「id」カラムを「A_I」に設定しているからです。「A_I」を設定したカラムは自動的に番号が振られます。文字列にはシングルクォーテーションを付けましょう。

データベース名は省略できます。さらに、「`」はバッククォートと呼ばれますが実際に PHP で SQL 文を書く時はなくても動作しますので書き方は下のようになります。

```
INSERT INTO sample.user (id, name, age, email) VALUES  (NULL, '鈴木太郎', 26, 'sample@sample.com');
```

それでは今度は SQL 文によってデータを挿入してみましょう。「SQL」のタブをクリックして下のような画面を出します。すると、以下のように表示されます。

デフォルトで SELECT 文が用意されていますが、元の文は削除してここでは下のように書き換えます。

```
INSERT INTO user (id, name, age, email) VALUES (NULL, '中村花子', 45, ' sample2@sample2.com ');
```

実行ボタンをクリックしてデータを挿入しましょう。「表示」タブをクリックすれば次ページのようにデータが挿入されたことがわかります。

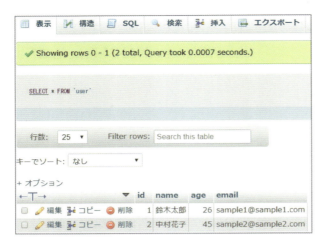

また、SQL でなら複数の命令を実行することも可能です。以下のようにいくつかデータを入れておきましょう。先ほどの流れと同じように SQL 文を書き込み、実行してください。2 つの命令が順番に実行されます。

```
INSERT INTO user (id, name, age, email) VALUES (NULL, '佐藤次郎', 67, 'sample3@sample3.com');
INSERT INTO user (id, name, age, email) VALUES (NULL, '山本京子', 38, 'sample4@sample4.com');
```

主要な SQL 文を確認する

Web サービスは基本的に「CRUD」機能からできています。

> MEMO　CRUD（クラッド）は以下の頭文字をまとめたものです。
>
> - C CREATE（作る）を表す。SQL 文では INSERT という命令文になる。
> - R READ（読む）を表す。SQL 文では SELECT という命令文になる。
> - U UPDATE（更新する）を表す。SQL 文では UPDATE という命令文になる。
> - D DELETE（削除する）を表す。SQL 文では DELETE という命令文になる。

CRUD 機能だけで多くのウェブサービスの機能が実現できます。それでは簡単な SQL 文を確認してみましょう。

CODE SELECT文

```
SELECT カラム名  FROM テーブル名  WHERE 条件式;
```

SQL タブをクリックして、以下のコードを実行してみてください。

```
SELECT id,name FROM user WHERE id = 2;
```

これにより、user テーブルから id が 2 である行の id カラムと name カラムのデータだけ取り出すことができました。SQL 文での「=」は PHP と異なり、代入ではなく等式を表しています。

SELECT 文にはこの他、取得するデータ数を制限する「LIMIT」や指定したカラム（フィールドともいいます）の値で行を並べ替える「ORDER BY」などさまざまな表現が存在します。

CODE UPDATE文

```
UPDATE テーブル名 SET フィールド名(カラム名) = 値 WHERE 条件式;
```

UPDATE 文では SET 以降に変更したいフィールドと置き換えたい値を記入します。この時、文字列にはシングルクォーテーションが必要なことを覚えておいてください。

```
UPDATE user SET email = 'new_mail@new_mail.com' WHERE id = 1;
```

上記コードを実行して、「表示」タブで変更を確認してください。

CODE DELETE文

```
DELETE FROM テーブル名 WHERE 条件式;
```

DELETE 文では FROM の後にテーブル名、WHERE の後に条件式を指定します。
以下のコードを実行してみましょう。

```
DELETE FROM user WHERE id = 1;
```

以上が特に大事な SQL 文になります。今後、データベースと連動したアプリの制作でたびたび登場するので覚えておいてください。

> **ATTENTION** このような SQL 文は、クライアントからの入力値を反映させて作ることもできます。ただし、単に文字の連結をするわけではありません。フォームの入力値に SQL 文が仕込まれる「SQL インジェクション」という攻撃に対策をしておかなければなりません。
> 詳しくは 7 章の 4 で扱いますが、安易に入力値を連結して SQL 文を作らないように注意してください。

練習

「sample」データベースの SQL の入力画面から以下の操作を試してみましょう（practice_select.sql）動作前にデータを数件追加しておきましょう。

① user テーブルから id が 2 以上の行で、id,email,age のカラム情報を引き出しましょう。
② id が 2 の行の age カラムのデータを「46」に更新しましょう。

07：データベースと連動する

03 エクスポートとインポート

SQL 文を使って簡単にデータの挿入、削除ができるんですね。しかし、間違えて変更してしまったらと考えると恐いです

 会員データを誤って削除してしまうなどのミスは十分にあり得るね。ミスを避けるためにも、データベースのデータの保管方法を確認しておこう

データベースのデータをファイルに書き出す

「sample」データベースを選択した上で「エクスポート」タブをクリックして下のような画面を出しましょう。

そのまま「実行」ボタンをクリックしてください。sample.sql というファイルがダウンロードされます。ファイルを Atom エディタで開いてみましょう。このファイルには 7 章の 2 で学習した SQL 文が書かれています。テーブルの構造を決めているのは以下の SQL 文です。

CODE sample.sql

```
CREATE TABLE `user` (
  `id` int(10) NOT NULL,
  `name` varchar(50) NOT NULL,
```

```
    `age` int(3) NOT NULL,
    `email` varchar(100) DEFAULT NULL
) ENGINE=InnoDB DEFAULT CHARSET=utf8;
```

このようにエクスポート（書き出し）したファイルがあればテーブルの構造、さらに挿入したデータの復元が可能になっています。使用するデータベースを移動する時にもエクスポート機能は使えます。

データベースのデータをインポートする

ここで思い切って user テーブル自体を削除してしまいましょう。「user」テーブルを選択し、「操作」タブをクリックしてください。「テーブルを削除する」という文字をクリックしましょう。テーブルデータがすべて削除されます。

ここをクリック

ここで sample データベースを選択し、「インポート」タブをクリックします。参照ボタンをクリックして、先ほどダウンロードした sample.sql を選択しましょう。他の設定はそのままにして「実行」ボタンを押してみましょう。これで user テーブルが復元できました。

> **MEMO** SQL をファイルで管理できることには大きなメリットがあります。実際の Web サービスでは何万件の会員データが保存されていたりするものです。その時に SQL 文をファイル管理することで簡単にデータの保管、移し替えなどが可能になるのです。ちなみに、WordPress や EC-CUBE などのオープンソースのシステムをインストールする時には、必要なテーブルの作成を、このようにデータのインポートをすることにより実現しています。

07：データベースと連動する

CHAPTER 07

04　PHPからデータベースを操作する

> phpMyAdminを使ってみてなんだかデータベースになじんできました

> その感覚は大事だよ。それではPHPでデータの操作をしてみよう

PHPでデータベースに接続する

ここでは、PHPがデフォルトで持っているデータベース操作の仕組みである「PDO（PHP Data Objects）」を使用します。PDOは昨今の接続方法の主流でもあります。データベースの接続方法はほぼ書き方が定型文となっています。以下のように入力して「connect.php」を作りましょう。長くて複雑なのでダウンロードファイルの「practice/7/connect.php」をそのまま使っていただいても構いません。

CODE connect.php

```php
<?php

$dsn = 'mysql:dbname=sample;host=localhost;charset=utf8';   ← ❶ データベース情報を設定
$user = 'root';    ← ❷ ユーザ名をrootに設定
$password = '';    ← ❸ パスワードは未設定のため空文字を代入

try{

    $dbh = new PDO($dsn, $user, $password);    ← ❹ データベースに接続する
    $dbh->setAttribute(PDO::ATTR_ERRMODE, PDO::ERRMODE_EXCEPTION);
    echo '接続に成功しました';

}catch (PDOException $e){
    print($e->getMessage());
    die();
}
```

データベースの設定だけ先に確認していきます。本書の設定と環境が違う場合は適宜、値を変更してください。$dsnにはもろもろのデータベース情報を記入します❶。mysqlを使用し、dbname（データベース名）はsampleであること、host（ドメイン名）はlocalhostで、文字化けを防ぐためcharset（文字コード）をutf8にすることを指定しています。サーバ名をlocalhost:81に変更している場合はそちらを記入してください。

ユーザ名はrootに設定しましたが、これはデータベースの総合的な管理者を表し、権限が強すぎるので本番サイトでは使用しない簡易的な設定です❷。パスワードは設定していませんので空文

字を代入してあります❸。本番サイトでは、データベース用のユーザ名とパスワードを設定するのでそれを記入してください。

new PDO($dsn, $user, $password) は見慣れないコードです❹。new により正確にはクラスのインスタンス化をしているのですが、初心者のうちはここでデータベースにアクセスする切符を受け取ったのだと思っておいてください。

> **ATTENTION** 本来、文字コードは「UTF-8」と書くことが一般的なのですが、ここでの記述方法は「utf8」としなければなりません。ハイフン（-）を入れません。接続に失敗する場合、こちらを書き間違えていることがあります。

PHPとSQLでデータベースを操作する

さて、$sql という変数をつくり、先ほど学習した SQL 文を格納して、PHP からデータベースの操作が可能なことを確認しましょう。以下のようにコードを付け足します。

CODE insert1.php

```
$dbh->setAttribute(PDO::ATTR_ERRMODE, PDO::ERRMODE_EXCEPTION);
$sql = "INSERT INTO user (id, name, age, email) VALUES (NULL, '田中三郎', '28', 'sample5@sample5.com')";
$stmt = $dbh->prepare($sql);
$stmt->execute();
```

❶ SQL文を格納する

SQL 文はダブルクォーテーション「"」でくくるとよいでしょう❶。SQL 文の中のシングルクォーテーションと衝突せずに済みます。PHP で SQL 文を実行するにはブラウザからこちらのファイルにアクセスする必要があります。http://localhost/practice/7/insert1.php にアクセスすると「接続に成功しました」という文字が現れます。実際にデータの挿入が行われたか phpMyAdmin で確認してみましょう。

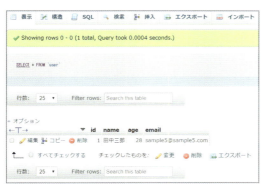

変数を当てはめる

実際の Web サービスでは SQL 文にクライアントから送信されたデータを SQL 文に当てはめることが多くなります。以下のように書き換えてみましょう。

CODE insert2.php

```php
<?php
$dsn = 'mysql:dbname=sample;host=localhost;charset=utf8';
$user = 'root';
$password = '';
$name = '太田美香';   ← ❶ 挿入したいデータを格納
$age = 32;

try{

    $dbh = new PDO($dsn, $user, $password);
    $dbh->setAttribute(PDO::ATTR_ERRMODE, PDO::ERRMODE_EXCEPTION);   ← ❷ エラーをどこまで報告するか指定する
    $sql = "INSERT INTO user (name, age) VALUES (:name, :age)";   ← ❸ 置き換える部分をコロン+名前で指定する
    $stmt = $dbh->prepare($sql);   ← ❹ プリペアドステートメント
    $stmt->bindValue(':name', $name, PDO::PARAM_STR);   ← ❺ SQLに変数の値を当てはめる
    $stmt->bindValue(':age', $age, PDO::PARAM_INT);
    $stmt->execute();
    echo '処理が終了しました。';

}catch (PDOException $e){
    echo($e->getMessage());
    die();
}
```

複雑に見えますが、がんばって読み解いていきましょう。まず、$name などの変数に値を代入しています❶。これは実際には POST の値を受け取ることを想定しています。$dbh にはデータベースに接続するための切符（正確にはオブジェクトといいます）が入っています。$dbh->setAttribute という書き方でエラーレポートの仕方を指定することができます❷。**PDO::ERRMODE_EXCEPTION** と指定することでデータベース操作中に問題が発生した場合、その内容を受け取れるようになります。他には、**PDO::ERRMODE_SILENT** というオプションがあり、こちらは本番サイトで設定します。エラーの報告はしません。

SQL 文の書き方にも特徴があります。VALUE (:name, :age) とすることで後で変数の値を置き換えることができるようにしています❸。コロンの後はどんな名前でもよいですが変数名とそろえておくとわかりやすいでしょう。SQL はすぐに実行せず $dbh->prepare($sql) によって変数の当てはめを待機する状態にします❹。この記述を「**プリペアドステートメント**」といいます。$stmt->bindValue によってようやく変数の値が SQL 文に当てはめられます❺。❸で「:name」と書かれた箇所を $name の値で置き換えます。値が文字列の場合、**PDO::PARAM_STR** を、数字の場合、**PDO::PARAM_INT** を指定してください。「email」のカラムは NULL（無くてもよい）で設定してあるので今回は VALUE の項目に含めていません。

では、あらためてブラウザからアクセスして動作を確認してみましょう。変数の値がデータベースに記録されれば成功です。

例外処理をする

最後にエラーの対処方法をまとめましょう。try 〜 catch を書くことでデータベースエラーの対処をします。

CODE insert2.php

```
try{                                ← ❶ これ以降でエラーがあった場合、例外処理をする
  //省略しています。
}catch (PDOException $e){           ← ❷ 例外を検知する
    print($e->getMessage());        ← ❸ 例外を表示する
    die();                          ← ❹ 処理を停止する
}
```

通常、データベースへの接続や処理にエラーが発生した場合、そこで処理は終了してしまいます。発生する可能性のあるエラーのことを「**例外**」と呼びます。try を使用することにより、エラー発生時にプログラム全体が停止しないようにすることができます❶。try には catch ブロックを用意して、その後の処理を指定します❷。PDOException $e と書くことで $e にエラー内容を格納します。こちらを文字列にするには $e->getMessage() と書きます。$e はオブジェクトと呼ばれるもので「->」（アロー演算子）でその中のメソッドを指定しています。メソッドとは 11 章で学ぶ関数のようなものなのですが、ひとまず定型文と思っておいていただいてかまいません。最後にdie( )で処理を停止します。die( )の代わりに exit( ) を使用することもできます。

> **MEMO** クライアントからの入力値を SQL 文に当てはめる場合は必ずプリペアドステートメントを使用してください。例えば、$sql = "INSERT INTO user (name, age) VALUE ({$name}, {$age})"; などとすれば直接 SQL 文に変数を当てはめることが可能です。しかし、クライアントから悪意のあるコードが入力されていた場合「SQL インジェクション」の危険性があります。これにより、データベースへの不正な操作が可能になってしまいます。実は、==プリペアドステートメントをすることによって、その裏側では、悪意のある入力値を無害なものに変換する、という処理が行われます==。データベースの操作方法はいくつかありますが、今回紹介したコードは複雑な分、セキュリティ的な面に配慮したおすすめの操作方法といえます。

練習

先ほど作成した insert2.php を参考に、プリペアドステートメントを使用してデータの更新をしてみましょう。
① Id が 3 の人の email を「prepare@statement.com」に変更しましょう（practice_update.php）。ただしメールアドレスの値は一度 $email に格納して bindValue() を使って後から SQL 文に当てはめましょう。

07：データベースと連動する

CHAPTER 07

05 取得したデータを表示する

データを取得するにはどうすればよいですか？取得したデータを扱えるか不安です

それほど身構える必要はないよ。6章で学習した配列の知識がここで生かせるよ

データを取得する

7章の4で紹介した connect.php を書き換えてデータ取得用のコードを作りましょう。

CODE select1.php

```php
<?php

$dsn = 'mysql:dbname=sample;host=localhost;charset=utf8';
$user = 'root';
$password = '';

try{

    $dbh = new PDO($dsn, $user, $password);
    $dbh->setAttribute(PDO::ATTR_ERRMODE, PDO::ERRMODE_EXCEPTION);
    $sql = "SELECT * FROM user";            // ❶ 全件取得する
    $stmt = $dbh->prepare($sql);
    $stmt->execute();
    $data = array();
    $count = $stmt->rowCount();              // ❷ 行数を取得する
    while($row = $stmt->fetch(PDO::FETCH_ASSOC)){  // ❸ 1行ずつデータを取得する
        $data[] = $row;                      // ❹ 配列$dataに行を格納していく
    }

    echo '処理が終了しました。';

}catch (PDOException $e){
    print($e->getMessage());
    die();
}
var_dump($count);
var_dump($data);                             // ❺ $dataの中身を確認する
```

SELECT * FROM user で全件取得してみましょう❶。「*」（アスタリスク）はすべてという意味があり、動作確認などに使われます。本番ではカラム名を指定しましょう。$stmt->execute()

後はさまざまなデータが $stmt の中に入っています。$stmt->rowCount() では行数を取得することができます❷。

$stmt->fetch(PDO::FETCH_ASSOC) では1行のデータを連想配列で取得します❸。fetch（フェッチ）というのは1行を取り出すということです。これを while( ) の条件式とすることで該当の行があるだけ繰り返し取得してくれます。これを $data に格納することで $data は2次元配列になります。$data の後ろに配列の合図である [ ] を付けることを忘れないでください。どのような状態で取得できたか var_dump( ) して見てみましょう❺。

デベロッパーツールからソースコードを確認すると以下のようになっています。

var_dump( )後

MEMO　var_dump( )をブラウザから確認すると文字が横一列に並んで見にくいです。var_dump( ) が返す文字列の中に改行コードは含まれているので、デベロッパーツールから確認すると改行が反映されて見やすくなります。

取得したデータをテーブル表示する

select1.php にコードを追加して、新たに select2.php を作りましょう。すでにデータは取得済みなので var_dump( ) を削除して以下のように書いていきます。

CODE　select2.php

```
}catch (PDOException $e){
    print($e->getMessage());
    die();
}
?>
<html>
<body>
```

❶ phpの終わり

```
<h1>会員データ一覧</h1>
<table border=1>
    <tr><th>id</th><th>名前</th><th>年齢</th><th>メールアドレス</th></tr>
    <?php foreach($data as $row): ?>        ❷ $dataを$rowとして取り出す
    <tr>
    <td><?php echo $row['id'];?></td>       ❸ 配列のキーにカラム名を指定する
    <td><?php echo $row['name'];?></td>
    <td><?php echo $row['age'];?></td>
    <td><?php echo $row['email'];?></td>
    </tr>
    <?php endforeach; ?>                    ❹ foreachの終わり
</table>
</body>
</html>
```

　HTMLに入る前に一旦phpの終わりの合図である「?>」を書いてください❶。foreachで繰り返すのは<tr>タグとその内部要素です。あらためて「<?php」を書き、タグを囲みます❷。$rowはカラム名をキー名とする連想配列です。$row['カラム名']といったように記述してください❸。これで表として出力することができました。

会員データ一覧

id	名前	年齢	メールアドレス
2	中村花子	46	sample2@sample2.com
3	佐藤次郎	67	prepare@statement.com
4	山本京子	38	sample4@sample4.com
5	太田美香	32	

> **MEMO**　foreach( )は通常、
>
> ```
> foreach($data as $row){
>     //繰り返し処理
> }
> ```
>
> と記述しますがどこで終わるのか読みにくい場合があります。例えばforeach文の中にさらにif文が入ってくると、「}」が連続してたちまち見づらいコードになります。
>
> ```
> foreach($data as $row){
>     if(条件式){
>         //条件式に応じた処理
>     }
> }
> ```
>
> そのため、foreach()、if()ともに別の記述方法が用意されています。
>
> ```
> foreach($data as $row):
>     if(条件式):
>         //条件式に応じた処理
>     endif;
> endforeach;
> ```
>
> これならば「}」が何の終わりを示すものか悩む必要がなくなります。

> **MEMO** $stmt->fetch( ) はデフォルトで PDO::FETCH_BOTH が設定されます。この設定では連想配列とともに添え字配列を返してくれます。たいていは連想配列のほうを使用しますので、連想配列のみを返す PDO::FETCH_ASSOC のオプションをあえて指定することが多いです。

データ収集の方法を学ぶ

データの取得を担う SELECT 文では合計値やあいまい検索などさまざまな書き方が存在します。以下がよく使用するコードの一覧になります。

SELECTで使用するコード一覧

コード	概要	例
COUNT	該当する行数を取得する	SELECT COUNT(カラム名)
SUM	該当する行の合計値を取得する	SELECT SUM(カラム名)
AVG	該当する行の平均値を取得する	SELECT AVG(カラム名)
LIKE	文字列を含む行を取得する（あいまい検索）	WHERE カラム名　LIKE '% 文字列 %'
GROUP BY	特定のカラムをグループ化して取得する	GROUP BY カラム名
ORDER BY	データを取得する順番として ASC（昇順）または DESC（降順）を指定する　デフォルトは ASC	ORDER BY テーブル名 DESC
AS	SQL や連想配列時に使用する名前の変更	SELECT カラム名 AS 変更後

select1.php の SQL 文を変更して動作を試してみましょう。

全会員の年齢の平均値を求める。

```
$sql = "SELECT AVG(age) FROM user";
```

名前に「子」が付く行だけ取得する

```
$sql = "SELECT * FROM user WHERE name LIKE '%子%' ";
```

% は「**ワイルドカード**」と呼ばれ、0 個以上の任意の文字列を表しています。名前の最後が「子」という文字で終わるものを抽出する場合は、'% 子 ' で検索をします。

全会員を年齢順に並べる

```
$sql = "SELECT name, age FROM user ORDER BY age DESC";
```

07：データベースと連動する

06 実習 検索アプリを作る

 POSTと変数、データベースとforeach。これまで学習したことで検索アプリが作れるのがわかるかな？

基礎の集大成ですね！ がんばってみます

準備する

制作の流れ

名前から会員が検索できるようにしましょう。ある文字を含む名前の一覧を表示できるように作っていきます。

1. 送信ページを作る

2. 送信データの取得とデータベース操作
3. foreachを使って表示する

要件定義

- フォームからの値にはbindValue( )を使いましょう。
- nameのカラムをLIKEを使ってあいまい検索しましょう。
- 一覧はforeachを使ってHTML内に出力します。

送信ページを作る

HTML部分を作る

search_send.php ファイルを作り、下のコードを打ち込んでください。

CODE search_send.php

```html
<html>
<head>
<meta charset="UTF-8">
<title>検索アプリ</title>
</head>
<body>
<h1>検索アプリ</h1>
<p>名前の一致する会員を一覧にしよう</p>
<form action="search_receive.php" method="POST">
<label>お名前</label>
<input type="text" name="name">
<input type="submit" value="検索する ">
</form>
</body>
</html>
```

検索したい名前を入力してもらい、次のページにPOSTで送信できるようにしました。

データベースの接続、操作用のコードを用意する

7章の5で作成したselect2.phpを修正してsearch_receive.phpを作りましょう。先ほどのファイルにPOSTの受信やbindValue( )を入れていきます。

CODE search_receive.php

```php
<?php

$dsn = 'mysql:dbname=sample;host=localhost;charset=utf8';
$user = 'root';
$password = '';

try{

    $dbh = new PDO($dsn, $user, $password);
    $dbh->setAttribute(PDO::ATTR_ERRMODE, PDO::ERRMODE_EXCEPTION);
    $sql = "SELECT * FROM user";
    $stmt = $dbh->prepare($sql);
    $stmt->execute();

    $count = $stmt->rowCount();
    while($row = $stmt->fetch(PDO::FETCH_ASSOC)){
        $data[] = $row;
    }
```

```
        echo '処理が終了しました。';

}catch (PDOException $e){
    echo($e->getMessage());
    die();
}
?>
<html>
<body>
<h1>会員データ一覧</h1>
<p><?php echo $count;?>件見つかりました。</p>
<table border=1>
    <tr><th>id</th><th>名前</th></tr>
    <?php foreach($data as $row): ?>
    <tr>
    <td><?php echo $row['id'];?></td>
    <td><?php echo $row['name'];?></td>
    </tr>
    <?php endforeach; ?>
</table>
</body>
</html>
```

今回は id と name だけ出力します。

送信されたデータを取得する

まずはページの先頭で送信データを取得しましょう。POST された時だけ取得したいので、if 文でリクエストメソッドを確認しておくとよいでしょう。

CODE search_receive.php

```
<?php
if($_SERVER['REQUEST_METHOD'] === 'POST'){
    $name = $_POST['name'];        ❶ POSTデータを取得する
}
```

これで $name にフォームの入力値が代入されます❶。

プリペアドステートメント

次は「LIKE」を使った SQL 文を追加していきましょう。「LIKE」を使えば「〜を含む」というようなあいまい検索ができるようになります。次のコードのようになります。

CODE search_receive.php

```
$password = '';

$data = [];                                             ❶ $dataを配列として初期化する

try{

    $dbh = new PDO($dsn, $user, $password);
    $dbh->setAttribute(PDO::ATTR_ERRMODE, PDO::ERRMODE_EXCEPTION);    ❷ LIKEを使ってSQL文を作る
    $sql = "SELECT id, name FROM user WHERE name LIKE :name";
    $stmt = $dbh->prepare($sql);
    $stmt->bindValue(':name', '%'.$name.'%', PDO::PARAM_STR);    ❸ 変数を当てはめる
    $stmt->execute();
```

　$data を配列として初期化しておきます❶。array( ) 以外に PHP5.4 からは短縮構文で [ ] も使えるようになっていますので併せて確認しておきましょう。この初期化はデータが1件もない場合に「Undefined」が出ることを防ぐ役割があります。

　LIKE を使って SQL 文を作ります❷。後から置き換える場所は「:name」にしておきましょう。そして bindValue の時に一緒に「%」記号も付与します❸（これはワイルドカードといいましたね）。

> **ATTENTION** よく間違いが起こるのが LIKE を使用した時の bindValue です。感覚的には SQL 文のほうで「LIKE '%:name%'」としておいてもいいように思えますが、これはエラーになります。必ず、bindValue のタイミングで「%」を付与するようにしましょう。

動作を確認する

　以上で処理は終了です。しっかりと機能しているかどうかチェックしましょう。例えば、「子」という文字で検索すると本書のテーブルでは 2 件のデータが表示されました。他にもデータを増やして試してみるのも面白いですよ。

完成コードを確認する

コードを読んで流れを把握する

　データベースと連動したことによってだんだん複雑な Web アプリが作れるようになってきました。どのタイミングで何を命令するか、一般的なコードを書く手順を確認しましょう。

CODE search_receive.php

```php
<?php
if($_SERVER['REQUEST_METHOD'] === 'POST'){
    $name = $_POST['name'];
}
```

```php
$dsn = 'mysql:dbname=sample;host=localhost;charset=utf8';
$user = 'root';
$password = '';

$data = [];

try{

    $dbh = new PDO($dsn, $user, $password);
    $dbh->setAttribute(PDO::ATTR_ERRMODE, PDO::ERRMODE_EXCEPTION);
    $sql = "SELECT id, name FROM user WHERE name like :name";
    $stmt = $dbh->prepare($sql);
    $stmt->bindValue(':name', '%'.$name.'%', PDO::PARAM_STR);
    $stmt->execute();
    $count = $stmt->rowCount();
    while($row = $stmt->fetch(PDO::FETCH_ASSOC)){
        $data[] = $row;
    }

}catch (PDOException $e){
    echo($e->getMessage());
    die();
}
?>
<html>
<body>
<h1>会員データ一覧</h1>
<p><?php echo $count;?>件見つかりました。</p>
<table border=1>
    <tr><th>id</th><th>名前</th></tr>
    <?php foreach($data as $row): ?>
    <tr>
    <td><?php echo $row['id'];?></td>
    <td><?php echo $row['name'];?></td>
    </tr>
    <?php endforeach; ?>
</table>
</body>
</html>
```

　POSTデータが送信された場合は、まずデータを変数に格納しておきます。クライアントから送信されたデータは、SQLインジェクションを防ぐためプリペアドステートメントが必要でしたね。「あいまい検索」を行うのでbindValue()する時に「%」を付加しておきましょう。

　取得したデータは二次元配列になっているのでforeachで中の配列を取り出した後、配列のキーにフィールド名(カラム名)を指定しましょう。これで検索結果を表示できるようになりました。

Part2 構文＆制作編

08

第8章

GET と POST

この章では3章から使ってきたサーバとのやり取りの手段（HTTPメソッド）の1つであるPOSTに加え「GET」を扱っていきます。どちらもサーバにリクエストする時の方法ですがどのような違いがあるのでしょうか。また、GETを使えばデータベースと連動したページにリンクをすることまでできるようになりWebサービスを作る上での強力な武器になります。ぜひとも、使い分け方を覚えていきましょう。

08：GETとPOST

01 | GETを使ってデータを渡す方法と特徴を理解する

POSTだけで十分な感じがするんですが、GETって方法でもデータを送信できるんですか？

 そうだよ。それぞれにメリット、デメリットがあるから使い分けをすることが重要だね

GETでデータを送信する

ひとまずどのような方法なのか作りながら体感していきましょう。送信ページと受信ページを用意します。practiceフォルダ内に「8」というフォルダを作成し、その中にget_send.php、get_receive.phpを作っていきます。ここではURLが非常に重要な意味を持つのでフォルダの構成を本書とそろえることをおすすめします。

CODE get_send.php

```html
<html>
<head>
<meta charset="UTF-8">
</head>
<body>
<h1>GETでデータを送信する</h1>
<p>お名前を入力してください</p>
<form action="get_receive.php" method="GET">  ❶ methodをGETに指定する
<label>お名前</label>
<input type="text" name="name">
<label>趣味</label>
<input type="text" name="hobby">
<input type="submit" value="送信する">
</form>
</body>
</html>
```

ここではmethodをGETにしておきます❶。指定しなくてもデフォルトの挙動はGETなのですがPOSTと区別するために記入しておくのがよいでしょう。

GETのデータを受信する

受信用のファイルも作っておきます。

CODE get_receive.php

```php
<?php
$name = $_GET['name'];      // ❶ データを取得する
$hobby = $_GET['hobby'];
?>

<html>
<head>
<meta charset="UTF-8">
</head>
<body>
<h1>受信ページ</h1>
<p>あなたの名前は<?php echo $name;?>さんです。</p>
<p>あなたの趣味は<?php echo $hobby;?>です。</p>
</body>
</html>
```

　GETで送信した場合、自動的にスーパーグローバル変数である$_GETができています。送信ページの<input>タグ内で name = "name" と指定しましたので、$_GET['name']で取得できるようになります。

> **MEMO** $_GETのデータは$_REQUESTというスーパーグローバル変数から取得することもできますが、こちらは$_POST、さらにこれから学習する$_COOKIEをまとめて取得しています。制作者が何を取得しているのか認識していない状態はセキュリティ上もよくないので$_REQUEST自体をそもそも使用しないことが望ましいといえるでしょう。

URLに現れるGETのデータ

　それでは実際にプログラムを動作させてみましょう。送信ページ（get_send.php）にアクセスしてデータを送信してみてください。すると以下のような画面になります。

受信ページ
あなたの名前は鈴木さんです。
あなたの趣味はテニスです。

　ここでURLに着目してください。「localhost/practice/8/get_receive.php?name=鈴木&hobby=テニス」となっています。「?name=鈴木&hobby=テニス」が付加されています。実はこれがGETでデータを送信する仕組みなのです。試しに送信フォームを使用せずURLを変更して動作を試してみましょう。ブラウザのURL欄に「localhost/practice/8/get_receive.php?name=佐藤&hobby=ピアノ」と打ち込んでEnterキーを押してアクセスしてみましょう。表示される内容が変更されます。「&」でつなぐことで複数のデータを送信することができます。このようにURLを通じてのデータ送信を「**GET**」と呼んでいます。

08:GET と POST

02 POSTを使ってデータを渡す方法と特徴を理解する

おなじみのPOSTですね！

せっかくなのでこれまでに使ってないフォーム部品を使ってみようか

送信ページを作る

いろいろなフォーム部品を試してみましょう。post_send.php ファイルを用意します。POSTの特徴を押さえるとともにそれぞれのデータの取得方法を確認していきましょう。

CODE post_send.php

```html
<html>
<head>
<meta charset="UTF-8">
</head>
<body>
<h1>POSTでデータを送信する</h1>
<p>プロフィールを登録しよう</p>
<form action="post_receive.php" method="POST">
<p>名前：<input type="text" name="name"></p>
<p>
性別：<input type="radio" name="sex" value="1">男
<input type="radio" name="sex" value="2">女
</p>
<p>
血液型：<select name="blood">
<option value="A">A型</option>
<option value="B">B型</option>
<option value="O">O型</option>
<option value="AB">AB型</option>
</select>
</p>
<p>
ひとこと：<br>
<textarea name="comment" rows="4" cols="40"></textarea>
</p>
<p><input type="submit" value="送信"></p>
</form>
</body>
</html>
```

❶ valueは数字で管理する

性別はデータベースで管理するとき「1」を男性、「2」を女性などとすることが多いので value には数字を設定しました❶。今回は複数行送信可能な <textarea> も用意しましょう。

POSTでデータを送信する

プロフィールを登録しよう
名前：
性別： ○男 ○女
血液型： A型 ▼
ひとこと：

送信

POST でデータを受信する

次に、データの受信ページを作ります。ここでは簡単にデータを取得して、確認するための var_dump( ) を入れておきましょう。

`CODE` post_receive.php

```
<?php
var_dump($_POST);              ❶ POSTデータ全体の中身を見る
$name = $_POST['name'];
$sex = (int)$_POST['sex'];     ❷ 文字列を整数に変換する
$blood = $_POST['blood'];
$comment = $_POST['comment'];
```

var_dump( ) を使って送信されてきた POST データの中身を見てみましょう。送信を実行すると以下のような表示が出ます。

localhost/practice/8/post_receive.php

array(4) { ["name"]=> string(6) "平田" ["sex"]=> string(1) "2" ["blood"]=> string(1) "B" ["comment"]=> string(59) "こんにちは。 よろしくお願いいたします。" }

HTML を組む

では取得したデータを HTML 内で出力していきましょう。以下のようにコードを追加します。

`CODE` post_receive.php

```
$comment = $_POST['comment'];
?>
<html>
<head>
<meta charset="UTF-8">
</head>
```

```
<body>
<h1>受信ページ</h1>
<p>あなたの名前は<?php echo $name;?>さんです。</p>
<p>性別は
<?php
if($sex === 1){
    echo '男性';
}elseif($sex === 2){
    echo '女性';
}
?>
です。</p>
<p>血液型は<?php echo $blood;?>型です。</p>
<p>
<?php echo nl2br($comment);?>
</p>
</body>
</html>
```

❶ 数字を意味のある文字列に直す

❷ 改行を反映させる

　性別は「1」か「2」で管理していますので、出力時に「男性」「女性」と意味のわかる文字列に直す必要があります❶。<textarea>に入力されたデータが改行を含む場合、改行を表す「\n」が入力されています。HTML内で出力する場合、この改行コードを
タブに置き換える必要があります。nl2br( )はnew line（改行）to
という意味であり、改行コードを
に変換してくれます❷。これで改行が反映されるようになりました。動作を試すと以下のような表示になります。

受信ページ

あなたの名前は平田さんです。

性別は 女性です。

血液型はB型です。

こんにちは。
よろしくお願いいたします。

　以上がPOSTでのデータ送信の方法です。フォームのさまざまな部品の使い方も同時に確認してきました。GETとPOSTは異なる特徴を持っており、使い分けることが重要です。次節で詳細をチェックしていきましょう。

08：GET と POST

03 | GET と POST の違い

URL を使う GET と隠してデータを渡す POST。結局は同じことができるんですよね

そのちょっとした違いが大きいんだ。それぞれの特徴から Web サービスにおける使用法を考えていこう

▢ GET と POST の違い

GET と POST の違いを一覧にしてみました。その相違点から使用法を考えていきましょう。

GETとPOSTの違い

項目	GET	POST
データの呼び方	クエリ情報	ポストデータ
データの渡し方	URL から送信できる。 「キー名 = 値」を付加する。 フォームからの送信も可。	フォームから「name="" キー名 ""」を指定して送信。 URL 欄には表示されない。
データの受け取り方	$_GET[' キー名 '] で取得。	$_POST[' キー名 '] で取得。
送信できるデータ量	ブラウザによってサイズ制限あり。ブラウザによって異なるが Internet Explorer は 2048 バイト。Chrome や Firefox など最新バージョンでは無制限のものもあり。	事実上制限無し。
使用例	ブログのライタープロフィールページや記事など、データベースと連動してリンクが必要になる場合。	会員登録やお問い合わせなどフォームからの送信データを取得する場合。

　古いバージョンのブラウザなどでは、GET で送信できるデータには制限があるため、大量のデータを GET で渡すのは無理がありそうです。ただし、URL からデータが渡せるということは、ブログ記事などをブックマークしておいて後からその記事のリンクをたどることが可能です。GET を使用するのはリンクできるというメリットが役に立つ場合といえそうです。

　一方、POST によるデータ送信ではデータ量が無制限なので、それ以外のケースすべてに使えるといえます。ここで注意すべきことは、URL に表示されないからといってセキュリティ上安全とはいえないということです。依然としてデータを盗聴される危険性が残ります。

　なお、データ送信中にその中身を部外者からのぞかれないようにする場合は暗号化通信である SSL を利用します。さくらのレンタルサーバなどでも利用することが可能です。SSL を使用すると

URLの出だしが「https://~」となり安全性の証明にもなります。GoogleではSSLを利用したサービスを推奨しています。

> **MEMO** 先ほどの get_send.php から get_receive.php にアクセスした際の URL のリンクをテキストエディタで表示してみましょう。URL 欄を全選択してコピーします。
>
>
>
> それを Atom のテキストファイルに貼り付けると以下のように表示されます。
>
>
>
> 「佐藤」だった部分が「%E4%BD%90%E8%97%A4」と表示されてしまいました。しかし、この挙動に問題はありません。URL には日本語（マルチバイト文字）や空白、ハッシュ（#）を含めることはできません。リンクのコピー時やブックマーク時には自動的に URL エンコードが行われます。これにより日本語などが、ブラウザの認識可能な文字に変換されます。

有名サイトの仕組みを調べる

Google 検索ではどのような HTTP メソッドを利用しているのでしょうか。Google 検索フォームをデベロッパーツールで調べてみると以下のようになっています。

methodはGETになっている

method が GET になっていることがわかりますね。確かに、URL 上にも「?」や「&」が並びさまざまなデータが渡されていることがわかります。GET の利点はリンクできることでした。検索結果をブックマークしておくことも可能です。

Google が検索時に収集している情報は「検索内容」「アクセスしたウェブサイト」「端末情報」にとどまらず、多岐にわたります。Google アカウントでログインしている場合は、Google の保持する氏名、生年月日、性別、国などの個人情報も結び付けてデータ管理しています。これらの分析情報は Google アナリティクスというサービスで利用することもでき、Web サービス運営者必須のツールとなっています。

08：GET と POST

04 画像データを送信する

画像のアップロードって文字列の送信と違って難しそうなイメージがあります。

 画像には付随するさまざまなデータがあるからね。扱い方は定番の方法を押さえていこう。

送信ページを作る

通常の文字列の送信フォームとの違いを確認しましょう。

CODE pic_send.php

```html
<html>
<body>
<h1>画像アップ</h1>
<form action="pic_receive.php" method="post" enctype="multipart/form-data">
<p><input type="file" name="img"></p>
<p><input type="submit" value="送信"></p>
</form>
</body>
</html>
```

❶ 送信データをmultipartに指定

❷ ファイル参照ボタン

　POSTデータとして画像を送信します。enctype="multipart/form-data" と指定することで、データを配列で送信することができます❶。フォーム内に画像データが含まれる場合は必ず指定します。<input> タグの type に file を指定します❷。これにより、ボタンをクリックすると画像の選択画面が現れるようになります。

画像アップ

[ファイルを選択] 選択されていません

[送信]

画像データを受信する

　画像ファイルは専用のディレクトリを作って管理しましょう。「8」のディレクトリ内に「img」

という名前のディレクトリを作成しておいてください。

> **ATTENTION** ディレクトリの書き込み権限は Mac のみに関わることですが、本番サーバに使われる一般的な Linux 環境下でも起こることなので、Windows 環境の方もこちらを読んでおいてください。Mac では、デフォルトの状態で作成したディレクトリ内の書き込み権限がありません。作成したディレクトリを右クリックして「情報を見る」を選択し、「共有とアクセス権」の項目を展開してください。右下鍵アイコンをクリックして、管理者パスワードを入力の上、対象ユーザのアクセス権を「読み / 書き」に変更しておいてください。

それでは、受信ページを作っていきましょう。バリデーション機能のない状態で動作を確認してみます。

CODE pic_receive.php

```php
<?php
$err = array();
$img = $_FILES['img'];        // ❶ 画像データを配列で取得
var_dump($img);               // ❷ 画像データの中身を確認

move_uploaded_file($img['tmp_name'], './img/'.$img['name']);
?>
                              // ❸ 画像ファイルを仮のディレクトリから「img」ディレクトリに移動

<html>
<head>
<meta charset="UTF-8">
</head>
<body>
<h1>受信ページ</h1>
<?php if(count($err) >0){
    foreach($err as $row){
        echo '<p>'.$row.'</p>';
    }
    echo '<a href="pic_send.php">戻る</a>';
}else{
?>
<div><img src="http://localhost/practice/8/img/<?php echo $img['name'];?>"></div>
<?php } ?>                    // ❹ 画像を出力する
</body>
</html>
```

この段階で一度動作確認をします。pic_send.php にアクセスしてお手持ちの画像ファイルを選択し、送信してみてください。以下のように画像データが出力されれば成功です。

　画像のデータは $\_FILES というスーパーグローバル変数で取得します❶。$_FILES['img'] の中に入っているデータを確認してみましょう。

$_FILESのデータの種類

キー名	データの内容
name	ファイル名
type	ファイルの MIME タイプ
tmp_name	サーバ上で一時的に保管されるテンポラリーファイル名
error	アップロード時のエラーコード
size	ファイルサイズ（バイト）

　送信ボタンを押した時、画像そのもののデータは一時保管場所に預けられます。$_FILE に格納されるのは画像そのもののデータではなく画像に付随するデータです。

　$_FILE['img']['name'] にはもともとのファイル名が格納されます。type は jpeg や png など画像の種類です。tmp_name は xampp フォルダ内の「tmp」フォルダ内にできたファイル名になります。error は「0」が返ってくれば成功、「1」はファイルサイズのオーバー、「7」は書き込み失敗を意味します。詳しくはマニュアルを確認してみてください。

　http://php.net/manual/ja/features.file-upload.errors.php

　一時的にサーバ上のディレクトリにアップロードされたファイルは公開フォルダに移動する必要があります。作成した「img」ディレクトリへの移動には move_uploaded_file() という組み込み関数を使います。第1引数は現在地、第2引数は移動先です。ファイル名も位置情報の一部とみなされますので、必ず「ディレクトリ名／ファイル名」まで指定してください。このコードにより img ディレクトリ内に画像ファイルが移動します。ディレクトリの中に画像ファイルができていることも確認してみてください。

バリデーションとファイル名変更

さて、以上でアップロード自体の機能は完成なのですが、画像ファイルはデータ量が多いのでサーバの負担になることがありますし、そもそも画像ファイルが悪意のあるコードを含んだ偽りのファイルである可能性があります。バリデーション機能は必須といえるでしょう。さらに、本来画像ファイルはそのままの名前では保存しないので名前を変換してから保存するようにコードを追加してみましょう。

CODE pic_receive.php

```php
<?php
$err = array();
$img = $_FILES['img'];
var_dump($img);
$type = exif_imagetype($img['tmp_name']);    // ❶ 画像の形式を取得する
if($type !== IMAGETYPE_JPEG && $type !== IMAGETYPE_PNG){
    $err['pic'] = '対象ファイルはPNGまたはJPGのみです。';
}elseif($img['size'] > 102400){               // ❷ ファイルサイズを確認する
    $err['pic'] = 'ファイルサイズは100KB以下にしてください。';
}else{
    $extension = pathinfo($img['name'], PATHINFO_EXTENSION);  // ❸ 拡張子名を取得（例：jpg）
    $new_img = md5(uniqid(mt_rand(), true)).'.'.$extension;
    move_uploaded_file($img['tmp_name'], './img/'.$new_img);
}                                              // ❹ ファイル名を乱数にする
?>
```

exif_imagetype()によりファイルの形式を取得します❶。$_FILE['img']['type']を使用して検証することは禁物です。この値は簡単に偽ることができます。exif_imagetype()で返ってくるのは整数です。「2」ならjpeg、「3」ならpngというように画像形式によって返ってくる数字が異なります。数字で判定してもよいのですが、後から読む時に「2」や「3」ではわかりづらいので、もともと定義されている「IMAGETYPE_JPEG」や「IMAGETYPE_PNG」を使います。それぞれ、事前に「2」や「3」として定義済みの定数です。100KBは正確には102400バイトです❷。ここでは102400バイトよりファイルサイズが大きいものはエラーとしておきましょう。

ファイル名は元のものを使わないことが一般的です。その理由は、同じ名前でアップロードされた時に上書きされてしまうことへの対処だけでなく、「phpinfo.php.png」など多重拡張子となったファイル名を送信されてPHPを実行されるなど、さまざまなセキュリティ上の問題を避けるためです。pathinfo($img['name'], PATHINFO_EXTENSION)でファイル名のドット以降の文字を取得します❸。重複しない名前を作り、その後ろに拡張子名をつなげます❹。これで、ファイル名は完成です。コード追加後にもう一度動作させてみて動作を確認してみてください。次ページの画像のようにファイル名が乱数化されていれば成功です。

> **MEMO** md5(uniqid(mt_rand(), true)) は乱数化した名前を作るための定番コードです。まず mt_rand( ) で乱数を発生させ、その値を先頭にして、マイクロ秒単位の現在時刻に基づいた ID を発行します。さらに、でき上がった値を元に md5( ) でハッシュ化 (暗号化) させています。ここまでやれば偶然値が重複する可能性は非常に低くなります。

最後に画像ファイルのアップロード機能に関する設定ファイルを確認しましょう。php.ini ではアップロードできるファイルのデータサイズやファイル数などを設定しています。

CODE php.ini

```
～省略～
; Temporary directory for HTTP uploaded files (will use system default if not
; specified).
; http://php.net/upload-tmp-dir
upload_tmp_dir="C:\xampp\tmp"          ❶ ファイルの一時保管先

; Maximum allowed size for uploaded files.
; http://php.net/upload-max-filesize
upload_max_filesize=2M                 ❷ ファイルサイズの上限

; Maximum number of files that can be uploaded via a single request
max_file_uploads=20                    ❸ ファイル数の上限
～省略～
```

ファイルサイズの上限をアップさせたい場合は upload_max_filesize の値を調整する必要があります。$_FILE['img']['error'] で「1」が返ってくる場合は、アップロードされた画像ファイルが、upload_max_filesize の設定値を超えていることになります。

08：GETとPOST

05 実習 GETとデータベースを使用したプロフィールページを作る

ブックマークできるプロフィールページってことですね

ブログサイトなどでよくある仕組みだよね。今回は複数のテーブルのデータの連結も試してみよう

準備する

制作の流れ

今回は1つのファイルですべての機能を作成します。URLから会員データを取得するだけでなく、会員ナンバーを打ち込んで検索するフォームも用意しましょう。

1. クラブ情報を登録するテーブルを作り、user テーブルに club_id のカラムを加えましょう。
2. 会員データとその会員の所属するクラブの情報を取得しましょう。
3. 会員データが存在した場合は、その会員データを HTML で表示しましょう。

会員データ					会員IDを入力してください
お名前	年齢	クラブ	月の活動回数	概要	[　　　] 確認する
磯田直子	35	球技愛好会	月4回	毎週日曜に市営体育館で球技をします。テニスやバスケットボールなど毎週球技は変更します。	

要件定義

- ユーザ ID をもとにした会員データの表示システムを作ります。
- 2つのテーブルデータを結び付けて取得します。
- 会員データが存在しない場合は「存在しない会員 ID です」と表示します。

会員データの表示ならページにリンクできる GET が向いてますね。複数テーブルってどうやって結びつけるんだろう？

新たなテーブルの作成とカラムの追加

club テーブルを作成する

新たに「club」という名前のテーブルを作成しましょう。phpMyAdmin から「sample」データベースを選択後、テーブルの作成欄から名前「club」、カラム数 4 つで作りましょう。

	名前	データ型	長さ	その他
カラム 1	club_id	INT	2	インデックス：PRIMARY を選択、A_I：チェックを入れる
カラム 2	club_name	VARCHAR	100	-
カラム 3	count	TINYINT	2	-
カラム 4	overview	TEXT	-	-

「count」カラムは月の活動回数を表しているものとしましょう。せっかくなのでここでは tinyint を指定してみます。最大で 127 ですが、クラブの 1 月の活動回数でそれを超えることはないでしょう。「overview」カラムにはクラブの活動概要を登録します。データ型の text は varchar と記録の仕組みは同じですが、文字数制限ができません。テーブルを作成したら、以下のように任意のデータを 3 〜 4 件入れておいてください。ダウンロードデータの中の「club.sql」をインポートしてサンプルデータを挿入することもできます。

user テーブルにカラムを追加する

次に会員が所属するクラブを特定するためのカラムを user テーブルに追加していきましょう。名前を「club_id」とし club テーブルの club_id カラムと紐づけます。user テーブルを選択し、構造タブをクリックすると以下のようなカラムの追加用フォームが現れます。

テーブル末尾に1個のカラムを追加しましょう。カラムは以下のようにします。

	名前	データ型	長さ	その他
追加カラム	club_id	INT	2	デフォルト値：1

ここではデフォルト値の設定もしてみましょう。通常、デフォルト値を指定しない場合、すでに登録されたデータの club_id は「0」が登録されてしまいます。ここではひとまずクラブ ID の「1」をデフォルト値にしておきましょう。その後、会員ごとのクラブ ID を 2 や 3 に変更しておいてください。

2つのテーブルからデータを紐づけて取得する

それでは member_profile.php というファイルを作り、URL で指定した ID の会員データを取得できるようにしましょう。

CODE member_profile.php

```php
<?php

$id = '';

if(isset($_GET['id'])){
    $id = (int)$_GET['id'];    // ❶ intにキャストしてから取得する
}

$dsn = 'mysql:dbname=sample;host=localhost;charset=utf8';
$user = 'root';
$password = '';
$data = [];

try{

    $dbh = new PDO($dsn, $user, $password);
    $dbh->setAttribute(PDO::ATTR_ERRMODE, PDO::ERRMODE_EXCEPTION);
$sql = <<<SQL
SELECT user.name,                    // ❷ ヒアドキュメントを使って文字列を代入
    user.age,                        // ❸ テーブル名.カラム名で指定する
    club.club_name,
    club.count,
    club.overview
FROM user
JOIN club ON user.club_id = club.club_id    // ❹ テーブルを結び付ける
```

```
WHERE user.id = :id
LIMIT 1
SQL;

    $stmt = $dbh->prepare($sql);
    $stmt->bindValue(':id', $id, PDO::PARAM_INT);
    $stmt->execute();
    $row = $stmt->fetch(PDO::FETCH_ASSOC);
    var_dump($row);                                         ❺ ひとまず中身を確認する
}catch (PDOException $e){
    echo('接続エラー：'.$e->getMessage());
    die();
}

?>
```

　フォームやURLから取得した値は文字列になっていますので、整数にキャスト（型変換）して$idに代入しましょう❶。さて、今回SQL文が長いので**ヒアドキュメント**と呼ばれるものを使用します❷。代入のタイミングで「<<<」とアルファベットを合わせることで、改行コードが反映された形での代入が可能になります。アルファベットは小文字でもいいのですが通例大文字で記入します。今回は「SQL」としました。SQL文はスペースか改行があれば命令文の語句が離れていると認識するのでヒアドキュメントを使うことには非常にメリットがあります。

> **ATTENTION** ヒアドキュメントの終わりを示すコード（直前の例ではSQL;の部分）は行頭に書く必要があります。例えば次のような書き方はエラーになります。
>
> 　`WHERE user.id = :id SQL;`
>
> 行の始めに空白がある場合もエラーになりますので注意してください。

　次にSQL文を見ていきましょう。「JOIN club ON user.club_id = club.club_id」でuserテーブルのclub_idのカラムの値と、clubテーブルのclub_idのカラムの値が一致したらテーブルを紐づけて取得することができるようになります❹。2つ以上のテーブルをつなげる時には「テーブル名.カラム名」と指定する必要がありますのでSELECT以下の文もすべてこのように記述します❸。idに一致する会員は1人しかいないので「LIMIT 1」と書くことで取得件数を1件に絞っています。

> **MEMO** 「JOIN」以外にも「LEFT_JOIN」という記述法があります。「JOIN」は「INNER JOIN」の省略形であり「**内部結合**」と呼ばれます。この場合、両方のテーブルに値が存在する場合のみデータの取得が行われます。つまり、userテーブルのclub_idで指定したIDがclubテーブルに存在しない場合は、そのuserデータ自体を取得できなくなります。一方、「LEFT JOIN」は外部結合と呼ばれ、clubテーブルに一致するデータがなくてもuserデータは必ず取得されます。両者の特性を理解して使い分けることが大切です。

ひとまず、この段階で動作を確認しましょう。URL に「?id=2」などクエリ情報を追加してアクセスしてみましょう。「http://localhost/practice/8/kadai/member_profile.php?id=2」にアクセスすれば会員データを所属クラブのデータと結び付けて出力してくれます。以下は var_dump( ) の出力をデベロッパーツールから確認したものです。

```
<html>
  <head></head>
  <body> == $0
    "array(1) {
      [0]=>
      array(5) {
        ["name"]=>
        string(12) "磯田直子"
        ["age"]=>
        string(2) "35"
        ["club_name"]=>
        string(15) "球技愛好会"
        ["count"]=>
        string(1) "4"
        ["overview"]=>
        string(131) "毎週日曜に市営体育館で球技をします。テニスやバスケットボールなど毎週球技は変更します。"
      }
    }
```

存在しない id を検索した場合、$stmt->fetch(PDO::FETCH_ASSOC) は「FALSE」を返してきますので併せて確認しておきましょう。

HTML を組む

テーブルを使って出力する

<table> タグを使って $row の中身を出力するコードを追加しましょう。ついでに会員 ID から検索できるフォームも用意しておきましょう。

CODE member_profile.php

```
?>
<html>
<head>
<meta charset="UTF-8">
<style type="text/css">
.search{float:right;}   ❶ 検索フォームは右隅に寄せておく
</style>
</head>
<body>
<div class="search">
<p>会員IDを入力してください</p>
<form action="" method="GET">   ❷ 検索フォームもmethodをGETに設定する
<input type="text" name="id">
<input type="submit" value="確認する">
</form>
```

```
    </div>
    <h1>会員データ</h1>
    <table border="1">
        <tr>
            <th>お名前</th>
            <th>年齢</th>
            <th>クラブ</th>
            <th>月の活動回数</th>
            <th>概要</th>
        </tr>
        <tr>
            <td><?php echo $row['name'] ?></td>
            <td><?php echo $row['age'] ?></td>
            <td><?php echo $row['club_name'] ?></td>
            <td>月<?php echo $row['count'] ?>回</td>
            <td><?php echo nl2br($row['overview']) ?></td>
        <tr>
    </table>
    </body>
</html>
```

.search{float:right;} は css の記述法です❶。search という class が設定された部分は右に寄せておく、という意味があります。このテキストではデザインはあまり気にせずにいきますが、検索フォームはメイン部分ではないので端に寄せておきました。今回、$row には 1 件分の会員データしか入っていないので foreach で処理を繰り返す必要はありません。

存在しない ID に対する処理を組む

データが存在しない場合は、真っ白い画面より「存在しない会員 ID です」と表示したいです。最後に HTML 内に PHP で分岐処理を組んでいきましょう。

CODE member_profile.php

```
<h1>会員データ</h1>
<?php if($row === FALSE): ?>         ❶ 会員データが存在しなければ
<p>存在しない会員IDです。</p>
<?php else: ?>                        ❷ 会員データが存在すれば
<table border="1">
~テーブル内のコードは省略~
</table>
<?php endif; ?>                       ❸ if文の終わり
</body>
</html>
```

「$row === FALSE」を条件式にしています❶。id に一致するデータが存在しない場合、$row には真偽値である「FALSE」が返ってきますので、その場合は「存在しない会員 ID です」と表示します。HTML 内なので if 文も省略形を使ったほうが見やすいです。「else:」「endif;」という記述ができます❷❸。

これで完成です。検索欄からも会員データの表示ができるようになっています。URL などを確認しながら動作させてみてください。

> **MEMO** 本節では今回、user テーブルに club_id のカラムを追加しました。もうお気づきかもしれませんが、このやり方だと後々問題が起きる可能性があるのです。例えば 1 人の会員が複数のクラブに所属していたらどうでしょうか。そのつどカラムを増やすか、1 つのフィールド内に複数の所属クラブ ID を登録することになってしまいます。
> この場合、テーブル数はさらに増えますが「誰が、どのクラブに所属しているか」という関係性だけを登録するだけのテーブルがあってもいいのではないでしょうか。同じ会員が他のクラブにも所属している場合は新たにそのテーブルに行を追加すればよいのです。
> このように、実際テーブルを作って Web サービスを運営してみると後からこうしておけばよかったというさまざまなことに気づきます。「作るときは手間でも変更に強い」システムを目指すべきです。実は、そういった理論は研究しつくされていてデータベースの「正規化」と呼ばれています。基礎の学習以降はデータベースの構築についても学んでみると面白いかもしれません。

完成コードを確認する

コードを読んで流れを把握する

1 つのファイルがある程度の分量になってきましたね。しかし、構造はシンプルです。GET データの取得、データベースへの接続、検索、HTML での表示。後から読んでわかりやすいコードを書くことが肝心です。もう一度全体の構成を確認していきましょう。

CODE member_profile.php

```php
<?php

$id = '';

if(isset($_GET['id'])){          // GETデータの取得
    $id = (int)$_GET['id'];
}

$dsn = 'mysql:dbname=sample;host=localhost;charset=utf8';
$user = 'root';
$password = '';
$data = [];

try{                             // データベースに接続しデータ取得
    $dbh = new PDO($dsn, $user, $password);
    $dbh->setAttribute(PDO::ATTR_ERRMODE, PDO::ERRMODE_EXCEPTION);
$sql = <<<SQL
SELECT user.name,
       user.age,
       club.club_name,
       club.count,
       club.overview
FROM user
JOIN club ON user.club_id = club.club_id
WHERE user.id = :id
```

```php
LIMIT 1
SQL;

    $stmt = $dbh->prepare($sql);
    $stmt->bindValue(':id', $id, PDO::PARAM_INT);
    $stmt->execute();
    $row = $stmt->fetch(PDO::FETCH_ASSOC);

}catch (PDOException $e){
    echo('接続エラー：'.$e->getMessage());
    die();
}
```
← データベースに接続しデータ取得

```php
?>
<html>
<head>
<meta charset="UTF-8">
<style type="text/css">
.search{float:right;}
</style>
</head>
<body>
<div class="search">
<p>会員IDを入力してください</p>
<form action="" method="GET">
<input type="text" name="id">
<input type="submit" value="確認する">
</form>
</div>
<h1>会員データ</h1>
<?php if($row === FALSE): ?>
<p>存在しない会員IDです。</p>
<?php else: ?>
<table border="1">
    <tr>
        <th>お名前</th>
        <th>年齢</th>
        <th>クラブ</th>
        <th>月の活動回数</th>
        <th>概要</th>
    </tr>
    <tr>
        <td><?php echo $row['name'] ?></td>
        <td><?php echo $row['age'] ?></td>
        <td><?php echo $row['club_name'] ?></td>
        <td>月<?php echo $row['count'] ?>回</td>
        <td><?php echo nl2br($row['overview']) ?></td>
    <tr>
</table>
<?php endif; ?>
</body>
</html>
```
← データが存在したら1件表示

今回は GET で検索することを可能にしています。これは、URL 上に「?id=」と付加することで会員データにアクセスできるようになる機能でしたね。GET の取得後はデータベースへのアクセス、JOIN を使った複数テーブルの検索を行っています。

$stmt->fetch(PDO::FETCH_ASSOC) で取得するのは、会員データ1件分の連想配列か、真偽値の「FALSE」です。「FALSE」だった場合はデータが存在しない旨を表示するのが親切でしょう。改行コードを含むデータは nl2br() を使って HTML に反映する必要があります。

> **ATTENTION** クラブのデータがクライアントから入力されたものだとしたら、出力前に必ず htmlspecialchars() をして無害化をしなければなりません。これは、JavaScript などのコードが入力されていた場合、プログラムが実行されてしまうことを防ぐためです。上記コードは練習用コードであり、見やすさのため省略してあります。nl2br() を使って記述する場合は、
>
> ```
> echo nl2br(htmlspecialchars($row['overview'], ENT_QUOTES, 'UTF-8'));
> ```
>
> と書く必要があります。
> もっとも、これではコードが長すぎます。もっと短く書く方法がありますので 11 章で詳しく紹介します。

COLUMN 画像アップロードと Web サーバ

8 章の 4 で学習したフォームからの画像のアップロードですが、Web サーバでは何が起きているのでしょうか。以下の図で確認しておきましょう。

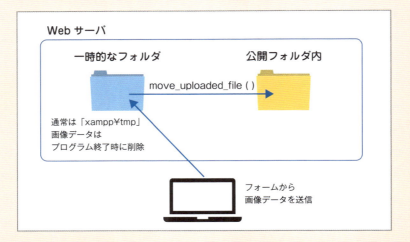

Xampp ではフォームからの送信時に tmp フォルダに画像データが収められます。tmp は temporary（一時的）の略になります。このフォルダ内の画像データはプログラム終了時に自動的に削除されてしまうので、同じ実行プログラム内で公開フォルダ内に移動しておく必要があります。

Part2 構文＆制作編

09

第9章

正規表現と文字列

正規表現とは、「文字列の集合を1つの文字列で表現する方法」のことです。例えば一文字の数字は [0-9] や \d といった表し方ができます。これにより、特定の文字列を見つけ出したり、禁止ワードを作ってバリデーションをかけたりすることが可能になります。あわせて文字列の操作も詳しく見ていきましょう。

09：正規表現と文字列

01 正規表現によるパターンマッチ

空文字のチェックや文字数制限以外にもっと複雑なバリデーション機能を作りたいです

 それなら正規表現を使うのがいいね。柔軟に文字列のチェックができるようになるよ

正規表現とは

　正規表現とは、「文字列の集合を1つの文字列で表現する方法」です。もともとは文法を数学的に研究するための形式言語理論から生まれました。それが文字検索ツールとして使われることになり、表せるパターンの種類を増やすためにさまざまな記法が追加されました。ほとんどのプログラミング言語でこの正規表現を使うことができますが、本章では主にPHPにおける使いどころを中心に説明していきます。

　Webプログラミングの世界では主にバリデーション（入力値のチェック）で使われるケースが多くなります。特にワードそのものは決定していなくても文字数や順序などが特定の型にはまっているかを調べることで、データベースに不具合が出るのを防いだり、サイト攻撃から守るなどの処理が可能になります。

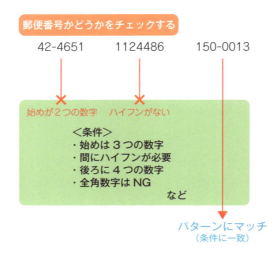

　PHPで正規表現が使われるのは、正規表現に一致しているかどうかを調べる preg_match( ) や、正規表現に一致する文字列を置き換える preg_replace( ) などの組み込み関数とセットになります。

正規表現の特徴を押さえる

例えば、郵便番号であれば「150-0002」（渋谷区渋谷）などのように、3文字の数字とハイフン、さらに4文字の数字からなっています。これを、「文字列パターン」として表現し、チェックすることが可能です。具体的な書き方は後で紹介しますので、ひとまず正規表現を使ったzipcode.phpのサンプルを見てみましょう。

CODE zipcode.php

```php
<?php

$zipcode1 = '115-0002';
$zipcode2 = '220-601';

$result1 = preg_match('/\A([0-9]{3})-([0-9]{4})\z/',$zipcode1);
$result2 = preg_match('/\A([0-9]{3})-([0-9]{4})\z/',$zipcode2);

var_dump($result1);
var_dump($result2);
```

❶ 郵便番号の表記方法と一致するかチェックする

$zipcode1には正しい形式の郵便番号を、$zipcode2には一文字足りない郵便番号を代入しています。preg_match( )は正規表現で表された文字列パターンとチェック対象の文字列が一致するかどうかを調べます❶。正規表現に一致することを「マッチする」といいます。

preg_match( )はマッチした時に「1」を、しなかった時に「0」を返してきますので$result1には「1」、$result2には「0」が代入されます。var_dump( )で確認してみてください。

正規表現に関わる組み込み関数

それではzipcode.phpの例を参考に、順を追って確認していきましょう。まず、preg_match( )というコードの使い方です。

書式 preg_match( )

```
preg_match('/正規表現によって作られたパターン/', 検索する文字列)
```

( )内に用意するものを引数といいます。1つ目の引数（第1引数）には正規表現による文字列パターンを記述します。正規表現はスラッシュ（/）で囲むことが必須になります。2つ目の引数（第2引数）には検索したい文字列を入れます。

preg_match( )は返り値として検索結果を返してくれます。var_dump(preg_match( ))のように、直接var_dump( )しても出力できますが、通常出力 $result = preg_match( )などのように一度結果を変数に代入してから使います。

正規表現を読んでみる

今回のコードでは正規表現は「\A([0-9]{3})-([0-9]{4})\z」の部分です。まだ、シンプルなほうなのですが、最初は複雑に見えてしまいます。図とともにじっくりと理解していきましょう。

「\A」は文字列の始まりを表しています。これがない場合は、郵便番号の前にどんな文字列があってもマッチしてしまいます。[0-9]は0〜9の中の1文字を、{3}は繰り返しの回数を表しますが、組み合わせて表記する場合は、([0-9]{3})のように全体を丸括弧で囲います。途中にあるハイフンはハイフン1文字を表します。最後に文字列の終わりを表す「\z」を加えます。こちらも、ない場合は郵便番号の後ろに文字列があってもマッチします。

文字列の始まりは「\A」以外に「^」、「\z」以外に「$」を使用することもできます。ただし、こちらは行の始まりや終わりを表すので、間に改行コードがあっても無視されます。一方「\z」は改行コードが入る直前を意味しています。それぞれの役割を理解して区別する必要があります。

> **ATTENTION** バックスラッシュは、Windows環境では「￥」、Mac、Linux環境では「\」と表示されます。Atomなどのテキストエディタではwindows環境であっても「\」で表示されるようになっていますが、「TeraPad」などをお使いの場合は「￥」と表示されます。どちらも同じものですがOSによって表示のされ方に違いがあるので注意してください。

09：正規表現と文字列

02 正規表現の基本構文

正規表現、ずいぶん複雑ですね。自分に扱えるか不安です

たくさんの構文や修飾子と呼ばれるものが存在するからね。始めはよく使うものだけ習得すれば十分だよ

文字を表す構文

正規表現にはパターンに一致する文字列を特定するためのさまざまな構文が用意されています。正規表現は複雑に見えますが、構文さえ押さえてしまえば自分で作ったり、他人が作った正規表現を理解したりできるようになります。性質ごとに分けてよく使う構文を見ていきましょう。

文字を表す構文

構文	説明	例
.	任意の1文字	/b..k/「book」などがマッチ
[ ]	文字クラス。[a-z]で「aからzまで」を表す	/p[a-g]n/「pen」などがマッチ
\d	数字　[0-9]と同じ	/product\d/「product7」などにマッチ
\s	タブ、スペース、改行などの空白文字	/R\sL/「R L」にマッチ
\S	すべての文字（空白文字を除く）\s以外	/\S/「R」、「=」、「?」などにマッチ
\w	大文字小文字のアルファベット、数字、アンダーバー	/\w/「R」、「h」、「_」などにマッチ
\W	非単語文字　\w以外	/\W/「-」、「&」などにマッチ

この中で特に、[ ]や\dなどは頻繁に使われます。[ ]は、[abc]とすると「abcのうちのどれか1文字」を表しますし、[a-g]とすれば、アルファベット順に「aからgまでのうちのどれか1文字」を表します。大文字と小文字は区別されるので、大文字を含めたい場合は、[a-gA-G]と書きます。「^」を使えば否定を表現することもできます。[^a-g]と書けば、「aからg以外」を表すことになります。また、「もしくは」を意味する「|」を使用することもできます。例えば、(090|080)と書けば、「090」か「080」のどちらか、という意味になります。

MEMO　\sがタブ、スペース、改行などの空白文字を表すのに対して、\Sはそれ以外を表しています。小文字と大文字は逆の関係にあると覚えておけばよさそうですね。

正規表現の基本構文

繰り返しを表現する構文

次に、繰り返しを表現する構文を見ていきましょう。文字数を指定したり、特定文字が指定回数だけ繰り返されていたりするような文字列を検索できます。これにより、柔軟なパターンを組むことができるようになります。一覧で確認しましょう。

繰り返しを表現する構文

構文	説明	例
?	0回か1回	/r[a-z]?c/「rec」「rc」などにマッチ
*	0回以上の繰り返し	/po*l/「pol」「pool」などにマッチ
+	1回以上の繰り返し	/co+l/「cool」などにマッチ、「cl」にはマッチしない
{n}	n回の繰り返し	/w[a-z]{2}e/「wake」「wipe」などにマッチ
{m,n}	m回以上、n回以下の繰り返し	/str[a-z]{2,4}t/「street」「straight」などにマッチ

先ほどの「文字を表す構文」に続けて記述することで繰り返しを表現します。「?」は0回か1回を表します。これは1文字あってもよいし、なくてもよいという意味です。この、「ない場合も可」という表現は、柔軟にさまざまな文字列に対応してくれます。/r[a-z]?c/ と書けば、「r」と「c」の間に1文字あってもよいし、なくてもよいことを意味します。ない場合は「rc」となりますが、1文字付け加えた「rec」にもマッチします。しかし、「rock」など2文字以上間にあるとマッチしなくなります。

{ }で回数を指定することもできます。これにより、純粋に文字数を指定して検索することもできますね。もちろん、その場合は mb_strlen( ) など文字数を調べるための別の関数を使ってもよいでしょう。ちなみに、{3,} などのように「,」以降を記述しなかった場合は3文字以上を表し、上限がなくなります。

パターン修飾子を指定する

「パターン修飾子」とは「/」の後ろで指定するオプションです。実際のコードを確認して書き方の例を見てみましょう。

CODE shushokushi.php

```php
<?php

$str = 'Hi, I am Taro.';
$result = preg_match('/taro/i', $str);

var_dump($result);
```

このサンプルの中で「/taro/i」にあたる部分が正規表現ですね。「i」は「アルファベットの大文字と小文字を区別しない」ことを指定するパターン修飾子です。試しに「i」を削除して動作させてみてください。返り値が「0」になっていてマッチしていないはずです。これは「Taro」が小文字の「taro」にマッチしなかったためです。このように検索方法を指定するパターン修飾子にはいくつかあります。まとめて見てみましょう。

パターン修飾子

構文	説明	例
i	アルファベットの大文字小文字を区別しない	/abc/i「ABC」「aBc」などにマッチする
m	行単位でマッチングを行う	/^abc/m 複数行のすべての行頭を調べる
s	パターン構文の「.」（ドット）を改行文字にもマッチさせる	/abc./s 任意の1文字が改行文字であってもマッチする
u	パターン文字列を文字コード「UTF-8」として扱う	/テニス/u 日本語環境で preg_match( ) を使用する場合は必ず指定
x	パターン中の空白文字を無視する	/ab c/x「abc」にマッチする。「ab c」にはマッチしない

　正規構文の終わりに指定するのがパターン修飾子です。例えば、「s」を指定すると、文字を表す正規表現である「.」（ドット）を改行コードとマッチさせることもできます。改行コードはテキスト入力欄やエディタ上では普段確認できませんが、改行した時に改行コード「\n」として記録されています。

　「m」の「複数行のすべての行頭を調べる」というのはイメージしづらいと思いますので、サンプルを用意して検証してみましょう。下のようにコードを打ち込んで実行してみてください。

CODE kaigyo.php

```php
<?php

$sentences = <<<EOD
はじめまして。
私の名前は田中です。
休日はジョギングをしています。
EOD;

$result = preg_match('/^休日/um', $sentences);

var_dump($result);
```

　「/^休日/um」の部分が正規表現ですね。「u」はパターン文字列を文字コードの UTF-8 で扱うことを意味しています。「m」は複数行あるテキストのすべての行頭を調査すること意味しています。試しに、「m」を削除してから実行してみてください。デフォルトでは $sentences の中身全体を1つの文字列として扱うため、「休日」が行頭とみなされなくなってしまいます。結果、「m」がない場合は「0」が返ってきてしまいますね。

> ATTENTION 日本語環境で preg_match( )を使用する場合は、パターン修飾子の「u」を必ず指定してください。英単語のみであっても必須になります。また、パターン修飾子は複数指定できるので、そのつど検索条件に合うオプションを指定するのがよいでしょう。書く順番には特に決まりがありません。

練習

①数字4文字の文字列にマッチする正規表現を作り、サンプルの文字列を調べてみましょう。以下のコードをテンプレートとして使ってください（practice9-1.php）。

CODE practice9-1.php

```php
<?php

$str1 = '0120';
$str2 = '090';

//preg_match( )を使い結果を取り出す。

var_dump($result1);
var_dump($result2);
```

②行の終端が「でしょう。」になっている文章を探しましょう（practice9-2.php）。

CODE practice9-2.php

```php
<?php

$str1 = '今日はくもりです。';
$str2 = '明日は快晴でしょう。';

//preg_match( )を使い結果を取り出す。

var_dump($result1);
var_dump($result2);
```

09：正規表現と文字列

03 | 正規表現の実践的使用

構文がいろいろ出てきて混乱してます。使えるようになるのかな

実際に作ってみないと実感が湧かないよね。いくつかの例に合わせて正規表現を作ってみよう

携帯電話の番号をチェックする

　携帯電話の番号の法則はそれほど複雑ではありません。「090-1234-5678」のように最初に3つ、次に4つ、最後に4つの数字が並びます。ただし、ここで考えるのは正確性と柔軟性です。携帯電話の番号をフォームから入力してもらい、バリデーションをかけると想定しましょう。まず、ハイフン「-」を入れるか入れないか人によってさまざまですよね。さらに、最初の数字は3文字といっても「738」などでたらめな数字ではなく、現状では「070」「080」「090」が一般的です。このことも踏まえて正規表現を作っていきましょう。

　最初の数字は「0」と「0」の間に7から9までの数字が入りますね。以下のようにしましょう。

```
0[7-9]0
```

　それから、ハイフンが入って数字4文字です。数字は「\d」や[0-9]といった書き方があります。ここでは「\d」を使いましょう。

```
0[7-9]0-\d{4}-\d{4}
```

　携帯電話番号用のフォームなら、前後に余分な文字はないはずなので、始まりと終わりを表す「^」、「$」を付け加えましょう。また、ハイフンがない場合も想定して「?」をハイフンの後ろに入れておきましょう。「?」は「0回か1回」を表す構文でしたね。以下のようになります。

```
^0[7-9]0-?\d{4}-?\d{4}$
```

　では、正規表現がしっかりと機能しているか、プログラムを作って確認してみましょう。

CODE phone_number.php

```php
<?php

$num1 = '090-1234-5678';
$num2 = '08012345678';
$num3 = '070-1234-567';
$pattern = '/^0[7-9]0-?\d{4}-?\d{4}$/u';
```
❶ 正規表現の変数に格納

```
$result1 = preg_match($pattern, $num1);
$result2 = preg_match($pattern, $num2);
$result3 = preg_match($pattern, $num3);

var_dump($result1);
var_dump($result2);
var_dump($result3);
```
❷ この書き方には対応させていない

正規表現が長くなってきたので、一度変数に代入しています❶。日本語環境ではパターン修飾子である「u」を最後に付け足すことを忘れないでください。「$num1」と「$num2」はどちらもマッチするので「1」が返ってきます。「$num3」は下四桁の数字の数が1つ足りませんね。これはマッチしないので「0」が返ります。他にも、マッチしないであろう数字を代入して検証してみるとよいでしょう。

西暦の記述を見つける

ここでは、「2017/11/04」のように「/」など、すでにパターン上で意味を持ってしまっている特殊文字について扱います。特殊文字は、既出の通り「.」「?」「*」「$」「[」「)」などさまざまありますので、ただの文字として表現したい場合、そのまま書くわけにはいきません。特殊文字のエスケープ方法を説明します。

西暦は数字4つ、「/」、数字2つ、「/」、数字2つの順番で続きますね。ただし、「2018/3/8」のように月日は1桁で書くこともあるでしょうからそちらにも対応しましょう。ひとまずは下のようなコードにしておきます。

`/^\d{4}/\d{1,2}/\d{1,2}$/u`

このコードの最初と最後のスラッシュ「/」はpreg_match()に必須の文字でしたね。この「/」には「デリミタ」という名前が付いていて、「独立した領域の境界を特定する文字」として使われています。正規表現はPHP以外の言語でも使えますので、PHPのプログラム言語の中に正規表現のための独立した領域が作られていることになります。正規表現の中の「/」はただの文字としてのスラッシュなのでバックスラッシュ「\」でエスケープしておく必要があります。書き方は以下のようになります。

`/^\d{4}\/\d{1,2}\/\d{1,2}$/u`

文字としての「/」の前に「\」を付け加えました。「\/」と書くことによりデリミタとして判断されてしまうことを回避しているのです。正規表現中で構文となっている文字をただの文字として使う場合、すべてエスケープする必要があることに注意してください。しかし、ずいぶん見づらくなってしまいましたね。「グループ化」を行えば見やすくなります。「(」「)」を使ってまとまりを作りましょう。

`/^(\d{4})\/(\d{1,2})\/(\d{1,2})$/u`

丸括弧がなくても動作はするのですが、まとまりができて目で追いやすくなりますね。では、でき上がった正規表現を実際に試してみましょう。

CODE seireki.php

```php
<?php

$date1 = '2017/11/04';
$date2 = '2017/3/8';
$date3 = '2017年11月4日';
$pattern = '/^(\d{4})\/(\d{1,2})\/(\d{1,2})$/u';

$result1 = preg_match($pattern, $date1);
$result2 = preg_match($pattern, $date2);
$result3 = preg_match($pattern, $date3);

var_dump($result1);
var_dump($result2);
var_dump($result3);
```

結果は以下のようになります。

```
int(1) int(1) int(0)
```

「$date3」は西暦ですが、今回の正規表現にはマッチしていないので「0」が返ってきます。この場合、1つの正規表現で対応するのではなく、別の正規表現を作ってPHPのほうで処理を分岐するのもよいでしょう。

> **MEMO** グループ化のメリットは見やすさだけではありません。これを使わなければ表現できないこともあるのです。例えば「street」と「straight」のみにマッチさせたい場合、
>
> `str(ee|aigh)t`
>
> などのように丸括弧でくくれば「ee」もしくは「aigh」のように表現できます。

09：正規表現と文字列

04 文字列の操作

文字列を操作しなければいけないのはどんな時ですか？

 クライアントからの入力値には、空白や全角英字などプログラムにとって不都合な文字が含まれていたりするんだ。そういったものを扱いやすいように変化させることができるよ

空白を削除する

フォーム入力時に文字列の前後に「スペース」や「タブ」など意図せず空白文字を打ち込んでしまうことがあります。そういったものを削除する関数が PHP には用意されています。

空白削除

関数	説明
trim( )	文字列の両端の空白を削除
rtrim( )	文字列の右端の空白
ltrim( )	文字列の左端の空白
chop( )	ltrim( ) と同じ機能

基本的には trim( ) を使えばよいでしょう。rtrim( )、ltrim( ) の頭文字は right（右）、left（左）の「r」「l」でしょうね。chop( ) は ltrim( ) の「**エイリアス**」です。エイリアスとは ltrim( ) の名前だけ変えたもので、機能は同じという意味です。

trim( ) で取り除ける空白文字とは何を意味するのでしょうか。実際にコードを作って試してみましょう。以下のように打ち込んで動作させてみてください。

CODE trim.php

```php
<?php
$str1 = ' AB C ';         // ❶ 文字列前後に半角スペース
$str2 = "\t\tこんにちは　";  // ❷ 文字列前にタブ2つ、後ろに全角スペース

$result1 = trim($str1);
$result2 = trim($str2);

var_dump($result1);
var_dump($result2);
```

ABC の前後に半角空白を入れてみました。「AB」と「C」の間にも半角空白を入れましたが、こちらは削除されません❶。タブを表す「\t」を使用する場合は、文字列をダブルクォーテーション

で囲む必要があります。「こんにちは」の前には2回「タブ」を打ち、後ろには全角スペースを入れました❷。結果は以下のようになります。

```
string(4) "AB C" string(18) "こんにちは　"
```

「AB C」はこの文字列の前後の半角空白だけ、しっかりと取り除かれています。$str2では前に「タブ」を2回入れましたがどちらも削除されてますね。このことから文字列前後に削除対象の文字が並んでいた場合、すべて取り除くことがわかります。注意したいのは全角スペースは削除できないということです。全角スペースを削除するには、後で紹介するpreg_replace( )など、正規表現を利用したコードを使用する必要があります。

trim( )の削除対象となる空白文字とは、半角空白、「\t」、「\n」（リターン）、「\r」（改行）、「\0」（NULバイト）などです。

mb系のよく使う組み込み関数

「mb」とはマルチバイトのことです。半角英数が1文字1バイトなのに対して、文字コード「UTF-8」における日本語は基本的に1文字につき3バイトほどあるので、そのように呼ばれます。PHPのマニュアルで「mb」と入力すると以下のような結果になります。

PHP Function List

mb doesn't exist. Closest matches:

- mb_eregi_replace
- mb_strlen
- mb_strtolower
- mb_encode_mimeheader
- mb_convert_encoding
- mb_decode_numericentity
- mb_language
- mb_eregi
- mb_ereg_search_init

全部で30の組み込み関数が確認できました（2018年1月時点）。この中でよく使うものを紹介します。

mb系組み込み関数

関数	説明
mb_strlen( )	文字列の長さを得る
mb_strtolower( )	文字列を小文字にする
mb_convert_encoding( )	文字エンコーディングを変換する
mb_language( )	現在の言語を設定あるいは取得する
mb_substr( )	文字列の一部を得る

関数	説明
mb_convert_kana	カナを変換する(全角と半角の変換)
mb_strpos( )	指定した文字列が最初に現れる位置を探す

　この中で mb_convert_kana( ) をサンプルコードとともに紹介します。

CODE mb_convert.php

```
<?php

$str1 = 'KV: ﾌﾟﾛｸﾞﾗﾐﾝｸﾞ';          ← ❶ 半角カタカナで記述
$str2 = 'as: 私はＭＯＶＩＥが　好きです。';  ← ❷ 全角英字と全角スペースで記述

$result1 = mb_convert_kana($str1, 'KVas', 'UTF-8');
$result2 = mb_convert_kana($str2, 'KVas', 'UTF-8');

var_dump($result1);
var_dump($result2);
```

　$str1には半角カタカナを格納してみました。オプションの「KV」の効果を確認します。$str2には全角英字の「ＭＯＶＩＥ」と全角スペースを記述してみました。こちらは「as」のオプションの効果を確認するために用います。ひとまず、コードを動作させてみましょう。結果は以下のようになります。

```
string(25) "KV: プログラミング" string(34) "as: 私はMOVIEが 好きです。"
```

　mb_convert_kana( ) の第2引数には複数の変換オプションを指定することができます。「K」は「半角カタカナを全角カタカナに変換」することを意味します。「V」は「濁点付きの文字を一文字に変換」とマニュアルの説明にあるのですが、少しわかりづらいですね。例えば、半角カタカナの「ｸﾞ」は2文字となってしまいます。これは、1文字で濁点付きの半角カタカナを表すものがないためです。一方、全角カタカナは「グ」で1文字になります。もし、「V」を指定せずに変換すると、「プロクﾞラミンクﾞ」と間延びしたような間隔が空いてしまい、この「揺れ(相違)」がデータベースでの会員管理の時にトラブルを起こす原因にもなります。「KV」はセットで使用するのがよいでしょう。

　「a」は、全角英数字を半角英数字に変換すること、「s」は、全角スペースを半角に変換することを意味します。このように、データベースなどの登録前にクライアントからの入力値を最適な状態に整えることはメンテナンス上大事なことです。mb_convert_kana( ) のオプションはその他にも多数ありますが、全角数字を「半角」に変換する「n」や全角ひらがなを全角カタカナに変換する「H」も覚えておいてください。

文字を置き換える

文字を置き換えるコードである、preg_replace( )とstr_replace( )を確認していきましょう。preg_replace( )は正規表現が使える分、str_replace( )の精密版といえます。文字列から半角スペースや句読点などを取り除くコードを書いてみましょう。

CODE replace.php

```php
<?php

$str = ' プログラミングを、習いたい。';
$result = preg_replace('/\s|、|。/','',$str);    ❶ 半角スペース、句読点などを取り除く

var_dump($result);
```

preg_replace( )は、第1引数に正規表現、第2引数に置き換える文字列、第3引数に対象の文字列を入れます。今回、「/\s|、|。/」とすることで、半角スペースか読点か句読点ならば「''」（空文字）に置き換えるという指定をしています。「|」は「もしくは」という意味があります。preg_replace( )は$strの対象文字を置き換えた後、置き換え後の文字列を返してきます。このプログラムの結果では、「プログラミングを習いたい」と、余分な文字が取り除かれて出力されます。

str_replace( )では、第1引数に置き換えたい文字列を単純に指定します。

書式 preg_replace( )

```
preg_replace(正規表現，置き換える文字，対象の文字列)
```

書式 str_replace( )

```
str_replace(検索する文字，置き換える文字，対象の文字列)
```

> **MEMO** preg_replace( )では、引数に配列を指定することも可能です。例えば、第3引数に配列を指定した場合は、配列のそれぞれの要素に処理が行われ、返り値は処理が行われた後の値を要素に持つ配列になります。そこら辺の詳細は、マニュアルを見た時に「パラメータ」という項目で確認することができます。

09：正規表現と文字列

05 　実習　違反ワードをチェックする機能を作る

違反ワードのチェック機能はこれまでの学習事項を応用すれば作れるんだよ

何となくイメージできます！　許可ワードも用意できたら親切ですよね

準備する

制作の流れ

1. 検索対象の文字を整える
2. 許可ワードを検索対象から外す
3. 禁止ワードをチェックする

　許可ワードは「*」に置き換える仕組みとします。禁止ワードの有無、置き換えた許可ワードを結果として表示しましょう。

コーヒーを禁止ワードにした場合の結果

> 禁止ワードが含まれています。ミルクコーヒー->ミルクコーヒー

パンを禁止ワード、フライパンを許可ワードにした場合

> 禁止ワードは含まれていません。フライパン->*

要件定義

- チェック機能を日本語に対応させましょう。
- 1つのワードに対して複数の禁止ワードが設定できるようにしましょう。
- 許可ワードも設定できるようにしましょう。

禁止ワード検索のための準備を整える

検索しやすいよう文字列を整える

　まずは、チェックしたいワードを検索しやすいように整えていきましょう。以下のようなコードを用意します。

CODE violation.php

```php
<?php

$str = 'ミルクコーヒー';
//検索しやすいように文字列を整える
$target = mb_strtolower($str, 'UTF-8');          // ❶ 英字を大文字から小文字に変換
$target = mb_convert_kana($target, 'KVas', 'UTF-8');  // ❷ 半角カタカナや全角スペースなどを変換
$target = preg_replace('/\s|、|。/', '', $target);    // ❸ 半角スペースや句読点を取り除く

$flag = 0;                                        // ❹ フラグをセットする

//許可ワードを検索対象から外す

//禁止ワードをチェックする

if($flag === 0){
 echo '禁止ワードは含まれていません。';
}else{
 echo '禁止ワードが含まれています。';
}

echo '「'.$str.'」';
```

まずは、文字列を検索しやすいように整えていきましょう。英字は大文字をすべて小文字に直します❶。禁止ワードがない場合はデータベースに登録する、など元の文字列は必要になりますので、$targetという新たな変数に代入します。mb_convert_kana( )はオプションを「'KVas'」で指定します❷。これにより、半角カタカナや全角スペースといったチェックしづらいものを変更できます。さらに、preg_replace( )では正規表現を使い、半角スペースやタブなどを取り除いています❸。 今回、フラグを使ってみましょう。$flagは最初「0」が代入されていますが、禁止ワードを見つけた場合、「1」が代入されます。これにより、禁止ワードを含むかどうかを判定します。

許可ワードを検索対象から外す

例えば、「コーヒー」をNGワードにしたいけど、「コーヒーゼリー」は許可したい場合を考えます。先に、「コーヒーゼリー」という文字列は「*」にでも変換しておいて、禁止ワード検索時にチェックを回避するようにしておくのがよさそうです。以下のようなコードを追加します。

CODE violation.php

```php
$flag = 0;

//許可ワードを検索対象から外す
$ok_words = array('フライパン','コーヒーゼリー');

foreach($ok_words as $ok_word){
    if(mb_strpos($target, $ok_word) !== FALSE){      // ❶ 許可ワードが含まれるかチェック
        $target = str_replace($ok_word, '*', $target);  // ❷ 許可ワードを「*」に変換
    }
}

//禁止ワードをチェックする
```

mb_strpos( )で一度許可ワードが含まれることを確認してから、str_replace( )で、許可ワードを「*」に変換しています。回りくどいことをしているように見えますが、str_replace( )という名前からもわかる通り、これはマルチバイトに対応していません（マルチバイト対応の関数はmbで始まります）。そのため、一度mb_strpos( )で許可ワードが含まれることを確認しないと、日本語環境では意図しない文字を変換してしまう可能性があるのです。mb_strpos( )は対象文字が見つかった場合、最初に現れる位置を数字で返します。見つからなかった場合は「FALSE」を返すので、こちらを判定に使っています❶。許可ワードが間違いなくあることを確認した上で、str_replace( )により、許可ワードを「*」に変換しています。

> **MEMO** str_replace( )は第1引数に「探したい値」を入れます。これを、haystack（ヘイスタック）と呼ぶことがあります。意味は「干し草の山」です。また、第2引数の「置き換える値」のことをneedle（ニードル）と呼びます。こちらは「針」ですね。「干し草の山の中から針を探す」という文脈からも関係性がわかると思います。ずいぶん大変そうですが、実際に行うのはコンピュータですからね。大変な作業はお任せしたほうがよさそうです。

禁止ワードをチェックする

禁止ワードを発見したらフラグに設定する

　では、いよいよ禁止ワードのチェックをしていきます。今回は、禁止ワードを「パン」「コーヒー」に設定して、1つでも見つかりしだいフラグに「1」を代入して検索は終了してしまいましょう。以下のようにコードを付け足します。

CODE violation.php

```
//禁止ワードをチェックする
$ng_words = array('パン','コーヒー ');

foreach($ng_words as $ng_word){
    if(mb_strpos($target, $ng_word) !== FALSE){    ❶ 禁止ワードのチェック
        $flag = 1;
        break;                                     ❷ 見つかったらforeachを終了
    }
}

if($flag === 0){
```

　mb_strpos( )を使って、禁止ワードを含んでいるかチェックしていきます❶。この例では2単語ですが、実際には大量の禁止ワードが設定されるケースが多いようです。1つでも見つかればその時点で問題があることは明白なので、それ以上検索する必要はないでしょう。breakでforeachを抜けるようにしておきます❷。これで、禁止ワードのチェック機能が完成しました。

完成コードを確認する

今回、1つのファイルで違反ワードのチェック機能を作ってきました。全体のコードであらためて流れを確認しましょう。

CODE violation.php

```php
<?php

$str = 'フライパン';
//検索しやすいように文字列を整える
$target = mb_strtolower($str, 'UTF-8');
$target = mb_convert_kana($target, 'KVas', 'UTF-8');
$target = preg_replace('/\s|、|。/', '', $target);

$flag = 0;

//許可ワードを検索対象から外す
$ok_words = array('フライパン','コーヒーゼリー');

foreach($ok_words as $ok_word){
    if(mb_strpos($target, $ok_word) !== FALSE){
    $target = str_replace($ok_word, '*', $target);
    }
}

//禁止ワードをチェックする
$ng_words = array('パン','コーヒー');

foreach($ng_words as $ng_word){
    if(mb_strpos($target, $ng_word) !== FALSE){
        $flag = 1;
        break;
    }
}

if($flag === 0){
    echo '禁止ワードは含まれていません。';
}else{
    echo '禁止ワードが含まれています。';
}

echo "{$str}->{$target}";
```

今回のコードは、処理の流れが非常に肝心です。「検索しやすいように文字列を整える」「許可ワードを検索対象から外す」「禁止ワードをチェックする」、これにより意図しない結果がもたらされることを回避しています。フラグを立てたり、目的のものを発見したりした時点で foreach を抜けるなどのテクニックも確認しておきましょう。

COLUMN　マニュアルの読み方

　PHPには、日本語の充実したマニュアルが用意されています（http://php.net/manual/ja/index.php）。組み込み関数などのコードを調べる時にはぜひとも利用したいものです。ただ、書き方にくせがあるので、初めのうちは読みづらく感じるかもしれません。ここで、マニュアルの簡単な読み方を紹介します。

　上の画像は、PHPのマニュアルサイトから「preg_match」で検索した時の結果画面です。説明の始めには、int preg_match (string $pattern , string $subject [, array &$matches [, int $flags = 0 [, int $offset = 0]]])という記述があります。最初の「int」は返り値が数字であることを表しています。preg_match( )ではマッチした場合に「1」を返してきましたね。（ ）内にはどんな引数（パラメータ）が必要かが記されており、これを確認してコードを使用することになります。

　「string $pattern」では、第1引数に文字列（string）が必要なことを表しています。$patternとなっていても必ずしも変数に代入しておく必要はありません。直接文字列を打ち込んでもよいのです。「[」以降はオプションといいます。これ以降は、必要ない場合は記入しなくてもよいです。例えば、「array &$matches」はマッチした文字列を取得したい場合に使用します。「&」と付いたものは関数で設定した文字列を関数の外でも使用できることを表しています。スコープという考え方をするのですが、詳しくは関数の章で解説します。それ以外の、$flags などはデフォルト値が「0」と決まっているので変更の必要がある場合にだけ設定します。

　マニュアルでは、返り値と変更履歴も確認するとよいでしょう。

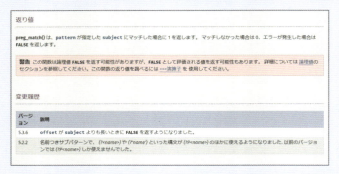

　preg_match( )の場合は、返り値が「0」か「1」あることが明記されていますね。この他にも文字列を返してきたり、真偽値である「TRUE」や「FALSE」が返ってきたりすることもあります。動作はバージョンごとに変化していくので、変更点も逐一チェックをしていきます。その他、世界中のエンジニアが書いた、覚え書きも非常に参考になります。併せて読んでおくことをおすすめします。

Part2 構文＆制作編

第 10 章

メール送信とファイル操作

ここでは、メールの送信方法と、ファイルの読み込み、書き込みなどの方法を確認していきます。お問い合わせフォームからメッセージの送信後に確認メールを送ったり、カウンターを用意してクライアントからの訪問数を調べたりなどさまざまな機能を作ることが可能になります。メール送信では「迷惑メール」として扱われないようにすることも重要ですね。プログラムの作り方を見ていきましょう。

10：メール送信とファイル操作

01 | メール送信

会員登録やショッピングなどをするとメールが送られてきますよね

そうだね。PHPではクライアントにメールすることもできるんだ。ローカル環境からだと先にメール送信の設定が必要だから注意してね

メール送信のための設定

XAMPPでは、メール送信のための設定が必要になります。この後の設定をしてもうまくいかない場合や、すぐに試したい場合は、始めからメール送信用の設定を済ませてあるレンタルサーバなどをお使いください。

Windows XAMPP7.1以上の場合

C:¥xampp¥php にある「php.ini」ファイルをテキストエディタで開いて修正していきます。初期状態で以下のようになっています。それぞれの設定は別の行にあるので検索をしてください。バージョンによって行数が異なるため該当のコードだけ載せます。

CODE php.ini

```
[mail function]
~省略~
;sendmail_path =
[mbstring]
~省略~
;mbstring.language = Japanese
```

上記2カ所の設定を以下のように修正します。

CODE php.ini

```
[mail function]
~省略~
sendmail_path = "¥"C:¥xampp¥sendmail¥sendmail.exe¥" -t"
[mbstring]
~省略~
mbstring.language = "Japanese"
```

行頭のコロン「;」はコメントアウトを意味します。sendmail_path はコメントアウトを外し、パスに「"¥"C:¥xampp¥sendmail¥sendmail.exe¥" -t"」を設定します。また、同じように言語を「Japanese」に設定しておきます。

次に、「C:¥xampp¥sendmail¥sendmail.ini」を開いて、以下の項目を修正しましょう。

CODE sendmail.ini

```
smtp_server=smtp.gmail.com
smtp_port=587
auth_username=yourname@gmail.com
auth_password=yourpassword
force_sender= yourname@gmail.com
```

「smtp_server=mail.mydomain.com」の行を見つけたら「smtp.gmail.com」に置き換えます。「smtp_port」はデフォルトの「25」を「587」に書き換えます。「auth_username」と「auth_password」には実際に使用している Gmail のアドレスとパスワードを使用しましょう。これで認証を通過してメール送信できるようになります。「force_sender」にも Gmail アドレスを記入しておきます。設定項目は以上です。保存しておきましょう。

> ATTENTION **ポート 25 からメール送信できない理由**
> SMTP は「Simple Mail Transfer」、つまり簡単にメール送信できるという意味ですが、もともとは 25 番というポート（出口）からメールを飛ばしていました。しかし、迷惑メールを送信する業者が現れたため、現在ではプロバイダによってブロックされてしまっているのです。代わりに認証が必要な 587 番ポートが使われるようになりました。こちらはユーザ ID やパスワード（今回は Gmail を利用します）が必要であり、迷惑メール送信業者には使えない仕組みとなっています。

> MEMO Windows の XAMPP 設定は PHP7 以上の場合を想定していますが、PHP5.6 をお使いの場合は php.ini ファイルをもう 1 カ所修正します。PHP5.6 ではデフォルトで有効になっている mailtodisk.exe は無効化しておきます。これが機能しているとメールがファイルとして保存されてしまいます。コードを探して以下のように行頭にコロンをつけてコメントアウトしておきましょう。
>
> CODE php.ini
>
> ```
> ;sendmail_path = "C:¥xampp¥mailtodisk¥mailtodisk.exe"
> ```

Mac、Linux の場合

php.ini をテキストエディタで開いて修正してきます。まず、「mbstring.language」は行頭の「;」を削除し、「sendmail_path」はメール送信に使用する sendmail へのパスを指定します。以下のようになります。

CODE php.ini

```
mbstring.language = "Japanese"
sendmail_path = sendmail -t -i -f yourname@gmail.com
```

sendmail がうまく認識されない場合は「/usr/sbin/sendmail」のように絶対パスを記述する必要があります。パスは環境によって異なる可能性がありますので、実際のディレクトリの位置をご確認ください。オプションの「-t」は宛先を To: ヘッダから取得、「-i」は「.」だけの行を入力の終わりとして扱わない、「-f」は送信元アドレス、を表しています。「yourname@gmail.com」の部分はご自身の使用する Gmail アドレスに置き換えてください。

メールを送信する

ひとまず、簡単にメール送信を試してみましょう。環境によっては設定をしてもうまく送信できない場合があります。その場合は、レンタルサーバで動作を試してみてください。

一度コントロールパネルにてApacheを再起動（「stop」→「start」）してphp.iniの変更を反映させてください。メール送信に必要なコードは以下のようになります。まずは、書いて覚えましょう。送信を試す場合は、送信先はご自身の実アドレスを使用してください。以降もメール送信を含むコードにおける送信先は全て実アドレスに置き換える必要があります。

CODE mail_basic.php

```php
<?php

mb_language("Japanese");                        // ① 日本語に対応させる
mb_internal_encoding("UTF-8");                  // ② 文字コードを「UTF-8」に設定させる

$user_name = 'taro';                            // ③ ユーザネームを設定
$to        = 'sample@sample.com';               // ④ 送信先を設定
$subject   = 'メールテスト1';                    // ⑤ メールタイトルを設定

$message =<<<EOM                                // ⑥ ヒアドキュメントにより本文を記述
{$user_name}さん、

このメールはテスト送信です。
http://{$_SERVER['SERVER_NAME']}
EOM;

$headers = 'From: sender@sender.com' . "\r\n";  // ⑦ オプション項目

mb_send_mail($to, $subject, $message, $headers); // ⑧ メールを送信
```

メールを送信する場合は、言語と文字コードの設定が必須になります①②。Webサービスは他の言語と組み合わせて使うこともあるため、PHP用にあらためて設定しておきます。メールを送るのに必須の項目は$to（送信先）、$subject（メールタイトル）、$message（本文）の3つの引数です⑧。通常は先に変数に代入しておきます。mb_send_mail( )は日本語対応のメール送信用コードです。

本文は改行が必要になるのでヒアドキュメントを使うと楽になります⑥。ただし、==ヒアドキュメント内で変数を展開させるのに波括弧「{ }」==が必要なことに注意してください。「{$user_name}」、「{$_SERVER['SERVER_NAME']}」のような書き方をします。$_SERVERはスーパーグローバル変数でしたね。$headersに代入しているのはオプション項目です⑦。設定すべき項目は多いのですが、詳しくは次節で扱います。ここでは、送信者のアドレスを設定しています。

このプログラムはブラウザからアクセスすることで実行できます。アクセス後に宛先にしたメールアドレスに実際にメールが送信されたか確認してみましょう。

MEMO メールに関わるサーバで覚えておきたいのは「SMTP サーバ」と「POP サーバ」です。SMTP サーバは、メールを送る時に使います。よって、郵便ポストのようなイメージを持っておくのがよいでしょう。このメールデータは直接相手のパソコンに届くわけではありません。一度 POP サーバに届きます。この POP サーバは、メールを受け取る時に使います。メールデータは POP サーバで保管されているので、後はパソコンからアクセスしてメールを閲覧します。

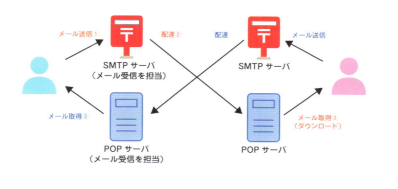

POP サーバは郵便受けの役割をしてるんですね

その通り！　直接パソコンまで届かないことを考えると局留めのイメージでもいいかな

10：メール送信とファイル操作

02 | 相手にきっちりと届けるメール送信

メール送信って案外簡単なんですね！ 早速メールを使ったアプリを作ってみたいです

おっと！メールは送信できるようになったけど適切な設定をしないと迷惑メールに判定されてしまうよ。ここではメール設定をもう少し細かく確認していこう

迷惑メール判定されないためのヘッダ設定

ただメールを送信するだけなら簡単なのですが、最近では受信する側の迷惑メールフィルタが高度化されており、相手に確実にメールを届けるための設定が必要になります。それが、mb_send_mail()のオプション設定である「メールヘッダ」です。メールヘッダとはメールに関するさまざまな構成要素のことです。まず先に、設定しておいたほうがよい項目を確認し、実際のプログラムの書き方を学習していきましょう。

設定すべきメールヘッダ

ヘッダ名	説明
Content-Type	メール本文のコンテンツタイプ（データ形式）
Return-Path	送信先メールアドレスが受け取り不可の場合に、エラー通知の行くメールアドレス
From	差出人アドレス
Sender	送信者の名前（または組織名）とメールアドレス
Reply-To	返信アドレス（Fromと異なる場合に設定）
Organization	送信者名（または組織名）

上記メールヘッダは必須になります。「From」や「Sender」で内容が重複しても設定をしておきます。次に、場合によっては設定の必要な項目を確認しましょう。

CcとBcc

ヘッダ名	説明
Cc	写し。参考・情報共有用
Bcc	送信者に見えない写し。他の受信者にアドレスが見えないように連絡する

「Cc」や「Bcc」は、GmailやYahoo!メールでも設定用のフォームが出てきますね。何だろうと思っていた方も多いのではないでしょうか。「Cc」は「To（宛先）」の人に送ったので念のために見てください、という情報共有用の送信先を設定するものです。「To」の人が主な処理者であるため、「Cc」

の人は原則返信を行いません。仕事の共同作業時に使われることが多いです。「Cc」の受信者は他の受信者にも送ったことが表示されますが、「Bcc」の受信者は他の受信者には表示されない仕組みです。例えば、会員全員にセミナーなどのお知らせを一斉送信する場合などに使われます。

メールヘッダを設定したプログラム

それでは、実際にメールヘッダまで設定した状態のコードを見ていきましょう。設定する項目は多いですが、確実に相手に届けるのに必須となります。先ほどの「mail_basic.php」にコードを追加して、新たに別名「mail_advanced.php」として保存しましょう。

CODE mail_advanced.php

```php
<?php
mb_language("Japanese");
mb_internal_encoding("UTF-8");

$user_name = 'taro';
$to        = 'sample@sample.com';
$subject = 'メールテスト2';
$message =<<<EOM
{$user_name}さん、

このメールはテスト送信です。
http://{$_SERVER['SERVER_NAME']}
EOM;

$from = "ONLINE-TUTOR事務局 ";
$from_mail = "sender@sender.com";


$headers = '';                                              ❶ メールヘッダを初期化
$headers .= "Cc: another@another.com \r\n";
$headers .= "Content-Type: text/plain \r\n";                ❷ 「.=」は文字列の追加
$headers .= "Return-Path: " . $from_mail . " \r\n";         ❸ 「\r\n」は改行文字
$headers .= "From: " . $from ." \r\n";
$headers .= "Sender: " . $from ." \r\n";
$headers .= "Reply-To: " . $from_mail . " \r\n";
$headers .= "Organization: " . $from . " \r\n";


if(mb_send_mail($to, $subject, $message, $headers) === FALSE){
    echo 'メール送信に失敗しました。';
}else{                                              ❹ 送信失敗の場合「FALSE」が返ってくる
    echo 'メールを送信しました。';
}
```

メールヘッダは長くなるので「.=」を使って文字列を連結しながら代入していくのが一般的です❷。「\r\n」は改行コードです。UNIX系CS全般や「Mac OS X」であれば「\n」でよいのですが、Windows系OSでは「\r\n」が使われます❸。改行コードにより、ヘッダ項目を分離してい

ます。「Content-Type」はメッセージだけなら「text/plain」でよいのですが、添付ファイルなどがある場合は「text/plain; charset=\"ISO-2022-JP\"」という記述を追加する必要があります。mb_send_mail( )では、メール送信が成功した場合「TRUE」、失敗した場合は「FALSE」を返しますので、メッセージを表示する処理を分岐させておきましょう❹。

MEMO mb_send_mail( )はmail( )の「ラッパー関数」です。ラッパー（wrapper）とは「包む」という意味ですが、ここでは「利用する」という意味でとらえてよいでしょう。mb_send_mail( )は日本語対応でないmail( )関数を、日本語などのマルチバイト対応に修正したものといえます。内部的にはmail( )を使っているので、PHPのマニュアルを見る時には併せて確認するとよいでしょう。

ATTENTION メールヘッダの「From」は悪意ある人間なら簡単に偽ることができます。そのため、受け取り側のフィルタでは「ドメイン」との一致をチェックしています。例えば、運営するサイトのアドレスが「https://sample-service.com」だったら、送信者のメールアドレスは「info@sample-service.com」などとドメイン名を一致させることが必須になります。ヘッダで指定したドメインとは、別のドメインのサイトからメールが送られた場合、送信元を偽装した不正なメールと判断されてしまう可能性があります。

実際に使うには細やかな設定が必要ってことですね。これで安心してメール送信できそうです

10：メール送信とファイル操作

03 | ファイル操作（書き込み）

ファイルにもデータを保存したりできるんですか？

データの管理はデータベースだけでなくファイルベースでも可能だよ。エラーやアクセス情報を残しておいたりできるんだ。

ファイル書き込みの流れを確認する

　ファイルへの書き込みをする場合、いきなりファイルに文字列を記録するのではなく、いくつかの手順を踏みます。まずは、下の図で書き込みの流れを確認していきましょう。

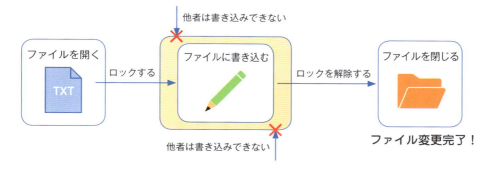

　現実にノートをめくって文字を書き込むのと同様、まずはファイルを開かなければなりません。この時に、ファイルが無い場合は自動で作成するなどの設定も可能です。次に、ファイルに複数人からの同時書き込みが起こらないように回避する対策を施します。それが、「ファイルのロック」です。これにより、先に書き込み処理を行ったプログラムを待ってから次の書き込みが行われるようになります。これが行われず、偶然同時に書き込みが行われるとファイルが壊れてしまうこともあります。最後に、明示的にファイルのロックを解除して、一回のファイル書き込みは終了します。

ファイルに文字列を書き込むためのコード

　では、実際のコードを書きながら記述方法を確認していきましょう。

CODE access.php

```php
<?php

$time = date('H:i:s');
```

```
$ip = $_SERVER['REMOTE_ADDR'];        ← ❶ クライアントのIPアドレスを取得
$data = "{$time}\t{$ip}\r\n";         ← ❷ 改行コード「\r\n」を入れる
                                        ❸ ファイルをオプション「a」で開く
$file = @fopen('access.log','a') or die(',ファイルを開けませんでした。');
flock($file, LOCK_EX);                ← ❹ ファイルをロックする
fwrite($file, $data);                 ← ❺ ファイルに書き込む
flock($file, LOCK_UN);                ← ❻ ファイルのロックを解除する
fclose($file);                        ← ❼ ファイルを閉じる

echo 'アクセスログを記録しました。';
```

　今回はアクセスログを作ってみましょう。誰がサイトを訪れたのかを確認するために、IPアドレスを取得しておきます❶。$_SERVERのキーで「REMOTE_ADDR」を指定すれば取得できます。インターネット接続をして、ホームページを閲覧する時、プロバイダからグローバルIPアドレスというものが割り当てられ、これがないとインターネットに入ることはできません。今回はローカルからのアクセスなので筆者の環境では「::1」と記録されます。

　ファイルを開く際にはfopen( )という関数の先頭に「@」を付けます❸。これは「エラー制御演算子」といって、エラーが発生する可能性のあるものにつけた場合、エラーが発生しても警告を発生しなくなります。今回のコードでは、エラーが発生した場合、自前のメッセージを表示して処理を中止させています。「or」は演算子の一種で、左辺のfopen( )が問題なく動作した場合は実行されません。処理に失敗した場合に実行されるif文のようなものと思ってください。fopen( )の第2引数に「a」をつけておけば、ファイルが存在しない場合、新たにファイルを作成してくれます。ファイル名は、「access.log」としています。実行したことの記録や、履歴を持ったファイルには「.log」という拡張子をつけます。テキストエディタなどで開くことができます。なお、==ここで$fileに代入されるのは「resource」（リソース）と呼ばれる型のもので、これを取得することにより、ファイルを操作することが可能になります。==

　その後、ファイルのロック、書き込み、ファイルのロック解除、ファイルのクローズを行います。詳細については後ほど確認していくとして、ひとまず動作をさせてみましょう。

> **ATTENTION** Mac、Linuxの場合、事前にディレクトリに対してすべてのユーザが書き込み権限を持つように設定しておく必要があります。「access.php」のファイルを置いたディレクトリを右クリックして「情報を見る」を選択してください。「共有とアクセス権」の項目を展開します。「everyone」のアクセス権を「読み/書き」に変更してください。
> ターミナルを使って変更する場合は、以下を実行してください。
>
> `chmod a+w ディレクトリへのパス`

　ブラウザからのアクセス後は以下のような画面が現れます。

```
アクセスログを記録しました。
```

　この時にフォルダ内を確認すると、以下のように「access.log」が自動的に作成されています。

名前	更新日時	種類	サイズ
access.log	2017/11/13 13:23	テキストドキュメント	1 KB
access.php	2017/11/13 13:05	PHPファイル	1 KB
mail_advanced.php	2017/11/12 9:51	PHPファイル	1 KB
mail_basic.php	2017/11/11 10:03	PHPファイル	1 KB

　ブラウザを更新するたびに、アクセス日時とIPアドレスが記録されます。Windows環境では改行コードは「\r\n」になります。MacやLinux環境下では「\r\n」は自動的に「\n」に変換されます。「access.log」を開くと以下のように記録されています。

　間にタブ「\t」が入り、アクセス時間とIPアドレスが記録されています。それでは、今回のファイル操作に関する詳細を確認していきましょう。

ファイルのロックと書き込み

　flock( )は、第1引数にファイルのリソース（resource）を、第2引数にオペレーションというものを設定します。オペレーションの一覧は以下の通りです。

オペレーション一覧

設定値	説明
LOCK_EX	書き手が行う排他的ロック（他者の読み書きを禁止する）
LOCK_SH	読み手が行う共有ロック（他者の書き込みを禁止する）
LOCK_UN	ロックの解除

　今回は、自分が書き込む間、他者が書き込みできないようにするためにロックをするので、「LOCK_EX」を使います❹。「LOCK_SH」は次節で扱います。flock($file, LOCK_EX)として、ファイルをロックすることにより、同時書き込みを防止できます。他者の書き込みは先の書き込みが終わってから行われます。

　fwrite( )は、第1引数にリソース、第2引数に文字列を設定します❺。「"{$time}\t{$ip}\r\n"」のように、変数や改行を展開させるためにダブルクォーテーション「"」で囲むことを忘れないでください❷。Windowsでは改行は「\r\n」ですが、MacやLinuxの環境では「\n」のみで改行ができます。

　最後に、「LOCK_UN」を設定してロックを解除します❻。これによりもしも待っている別のユーザがいれば新たな書き込みが開始されます。fclose( )でファイルを閉じることを明記します❼。これは正常にファイル操作を完了するための作法だと思ってください。

10：メール送信とファイル操作

04 ファイル操作（読み込み）

ファイル書き込みは意外と大変でした。読み込みは簡単であってほしいです

簡単な方法もあるよ。でも、それでは応用がきかなくなってしまう。ここで紹介するのはちょっと大変だけど1行ずつ読み込む方法だよ

ファイルの開き方

　ファイル読み込みの前に、まずは開き方をまとめましょう。前節では @fopen('access.log','a') といったように、「a」で「追記書き込み専用」の設定をしましたね。これをオープンモードといいます。主要なモードを確認しましょう。

主なオープンモード

モード	説明
r	読み込み専用
r+	「r」に加えて書き込みも可
w	ファイルをクリアして上書き書き込み
w+	「w」に加えて読み込みも可
a	既存の内容に追記書き込み
a+	「a」に加えて読み込みも可

　今回はファイルを読み込むだけなので、read（読む）を表す「r」でよさそうですね。その他、write（書く）を表す「w」はファイルに書かれている内容を一旦消去してから上書きするので動作に注意してください。ログを残すなど追記していきたければ「a」を選択します。「w」「w+」「a」「a+」の書き込み系のモードはどれもファイルがない場合に新規作成してくれます。ファイルが存在する場合にエラーを出したければ「x」というオープンモードも存在します。

ファイルの内容を1行ずつ読み込む

　それでは、実際にファイルを読み込むコードを見ていきましょう。下のように書いて「read1.php」として保存します。

CODE read1.php

```php
<?php

$file = @fopen('access.log','r') or die(',ファイルを開けませんでした。');

flock($file, LOCK_SH);
while (!feof($file)) {
  $line = fgets($file);
  echo '<p>'.$line.'</p>';
}
flock($file, LOCK_UN);
fclose($file);
```

❶ オープンモード「r」でファイルを開く
❷ 共有ロックをする
❸ ファイルの終端に来るまで繰り返す
❹ 1行読み込む
❺ ロック解除

　オープンモード「r」(読み込み専用)で「access.log」を開きます。今回は、読み込み中他者の書き込みを禁止するため「LOCK_SH」を指定してflock( )をします❷。読みづらいのはfeof( )とfgets( )でしょう。こちらはエディタの画像とともに説明します。

ファイルポインタを理解する

　ファイルポインタとは、テキストエディタでいえば点滅している縦線(カーソル)に相当します。feof( )はファイルポインタが終端にくると「TRUE」を返します。fgets( )は1行分文字列を取得した後に、ファイルポインタを1行進めてくれます。今回のケースでは、fgets( )する前にファイルポインタは下図のように1行目の先頭にいます。

ファイルポインタは1行目の先頭に

　ここでfgets( )を一度行うと、1行目の「10:21:03 ::1」という文字列を取得した後でファイルポインタが移動して2行目の先頭に来ます。

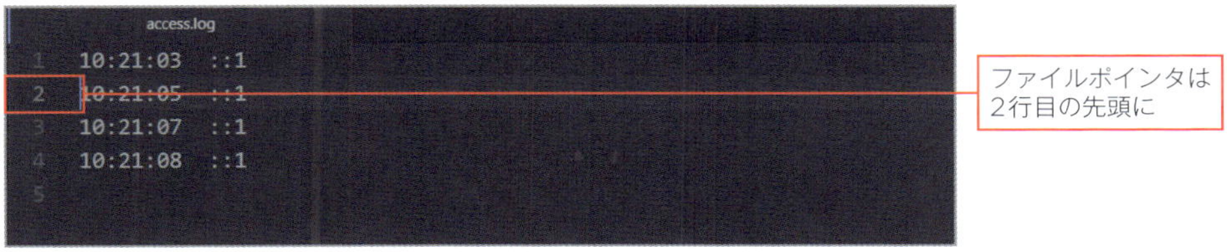

ファイルポインタは2行目の先頭に

　2行目でも文字列を取得し、ファイルポインタの移動を行います。これを繰り返すことにより、最後の行まで文字列を取得できます。さて、ここで「TeraPad」というテキストエディタでの表示を見てみます。このエディタでは「EOF」(End of File)という制御コードがあることが確認できます。

5行目に制御コードが存在している

これも1行とみなされますが、fgets( )で取得しても「FALSE」が返ってくるだけなので出力しても何も現れません。ここまでプログラムの終端に来たので feof( )が「TRUE」を返し、ループが終了します。ロック解除やファイルを閉じるコードは忘れずに記述しておきましょう。

行をカウントする

では、read1.php の行をカウントして出力するコードを足してみましょう。以下のようになります。

CODE read1.php

```
flock($file, LOCK_SH);
$count = 0;
while (!feof($file)) {
  $line = fgets($file);
  echo '<p>'.$line.'</p>';
  $count++;                        ❶ カウントを1追加する
}
flock($file, LOCK_UN);
fclose($file);

echo ($count-1).'回の訪問がありました。';  ❷ 最後の行分の1を引いてから出力する
```

行数のカウントは $count を 0 で初期化しておき、fgets( )するごとに1を足すことで実現します❶。「$count++」は「$count = $count +1」と同じ意味でしたね。書き込み時に改行コードを入れているので、「EOF」の制御コードは文字列の1つ下の行にあります。この行もカウントされているので1引いてから出力するとログと行数が一致します。

```
15:39:18 ::1
15:39:32 ::1
15:39:34 ::1
15:39:36 ::1
4回の訪問がありました。
```

その他の読み込み方法

ファイルの読み込み方法は fgets( ) だけではありません。ここでは file( ) という便利なコードを紹介します。

CODE read2.php

```php
<?php

$file = file('access.log');        // ❶ ファイルに内容を行ごとに格納した配列で取得

foreach($file as $line){           // ❷ 配列の要素ごとに出力
    echo '<p>'.$line.'</p>';
}
```

コードは以上です！拍子抜けなくらい簡単ですね。理由は file( ) が全部やってくれるからです。使い方は file('ファイルの位置') になります。今回は同じフォルダ内にあるのでファイル名だけを指定しています。file( ) を使うと、行ごとに格納した配列として取得してくれます❶。取得後の $file を var_dump( ) すると以下のような状態になっていることが確認できます。

```
array (size=4)
  0 => string '10:21:03  ::1' (length=14)
  1 => string '10:21:05  ::1' (length=14)
  2 => string '10:21:07  ::1' (length=14)
  3 => string '10:21:08  ::1' (length=14)
```

添え字配列ですね。自動的にキーに番号が振られています。foreach を使ってそれぞれ出力しましょう❷。行数をカウントしたければ、配列に対して count( ) を使う方法がありそうですね。これにより要素数（この場合は行数）を数えることも可能です。

> **MEMO** file( ) は便利なのですが、巨大なテキストを相手にすると多量にメモリを消費するという特徴があります。ファイルサイズが大きくなったら fgets( ) を優先的に使うのがよいでしょう。
> また、これ以外にもファイルを読み込むためのコードはいろいろ存在します。例えば以下のような関数がありますのでマニュアルで確認してみてください。
>
> その他のファイル読み込み用関数
>
> | 関数 | 説明 |
> | --- | --- |
> | file_get_contents | ファイルの内容を文字列にまとめる |
> | fgetcsv | タブ区切りやカンマ区切りで配列を返す |

ファイル操作（読み込み）

10：メール送信とファイル操作

05 実習 お問い合わせフォームを作る

 完璧を目指さず、まずはお問い合わせを受け付けたら確認メールを送る機能を作ってみよう

 フォームからデータを受信してその内容を確認メールで送るんですね。それだけなら何とかなりそうです！

準備する

制作の流れ

1. フォームに「お名前」「メールアドレス」「お問い合わせ内容」を用意する

2. 正規表現でメールアドレスの欄にバリデーションをかける
3. バリデーションを通過したら確認メールを送る

要件定義

- メールアドレスかどうか、正規表現でチェックしましょう。
- バリデーションを通過しない場合、エラーメッセージを出しましょう。
- お問い合わせ内容を本文にして、送信者に確認メールを送りましょう。

フォームを作る

フォームを準備してPOSTデータを受信する

CODE contact.php

```php
<?php
if($_SERVER['REQUEST_METHOD'] === 'POST'){   // ❶ POSTされた時だけ実行
    $name = $_POST['name'];
    $email = $_POST['email'];
    $inquiry = $_POST['inquiry'];

//POSTデータのバリデーション
//データベースへデータを挿入（今回は省略します）
//確認メールを送信

}
?>

<html>
<body>
<h1>お問い合わせ</h1>
<form action="" method="POST">          <!-- ❷ 同じファイルに送信する -->
<label>お名前</label>
<p><input type="text" name="name"></p>
<label>メールアドレス</label>
<p><input type="text" name="email"></p>
<label>お問い合わせ内容</label>
<p><textarea name="inquiry"></textarea></p>
<input type="submit">
</form>
</body>
</html>
```

　初めてページを訪れたときにエラーを出さないように「REQUEST_METHOD」を確認しています❶。POSTされた時だけその後のプログラムを実行するようにしましょう。フォームではaction先を空文字にして同じファイル「contact.php」に送信しています❷。

POSTデータ受信後の処理

メールアドレスのバリデーション機能を作る

　メールアドレスの正規表現はさまざまな考え方があって、実はかなり難解なのです。この機会に一番オーソドックスなものを試してみましょう。長くなるのでまず前半部分から作ります。

```php
$pattern = '/\A([a-z0-9_\-\+\/\?]+)';
```

「\A」は文字列の始まりを表していましたね。英数字とハイフン、それから「-」「+」「/」「?」に対応させています。これらは正規表現としての意味を持っているのでバックスラッシュでエスケープしておきます。[ ]で囲むことでこのうちのどれかを1回以上繰り返す、という意味になります。

さて、次は「@」以降を作っていきましょう。「@」の後ろはドメイン名が来て、「.com」や「.ne.jp」などが続きます。ドメイン名とドットは必須になりそうですね。そこから作りましょう。

```
$pattern = '/\A([a-z0-9_\-\+\/\?]+)';
$pattern .= '@([a-z0-9\-]+\.)+\z/i';
```

「.=」による代入なので連結します。これで「gmail.」や「docomo.ne.」までを表したことになります。( )+なので2回以上もOKですよ。そして、最後は「com」「jp」など数文字が来ます。この部分は2文字以上6文字以下と決められています。下のように追加しましょう。

```
$pattern .= '@([a-z0-9\-]+\.)+[a-z]{2,6}\z/i';
```

{2,6}で2～6文字であることを表しています。「\z」は文字列の終わりを意味していましたね。「/i」というパターン修飾子を使って大文字と小文字を区別しない指定をしています。これで大文字にも対応できました。「contact.php」にバリデーション機能を付け足してみましょう。

CODE contact.php

```
$inquiry = $_POST['inquiry'];

$pattern = '/\A([a-z0-9_\-\+\/\?]+)';         ❶ パターンが長い場合は2つに分ける
$pattern .= '@([a-z0-9\-]+\.)+[a-z]{2,6}\z/i';

if(!preg_match($pattern, $email)){            ❷ マッチしない場合はエラーメッセージを格納
    $err = 'メールアドレスの形式が違います。';
}
```

preg_match( )は、パターンが長い場合は一度変数に格納します。それでも長い場合は「.=」を使って2行以上に分けて書くと見やすくなるでしょう。マッチしなかった場合は$errにエラーメッセージを格納しておいてこの後の動作を分岐させます。

確認メールを送信する

お問い合わせフォームから送信すると、たいていは自身のところに問い合わせ内容の確認メールが届きますね。こうした機能を用意したほうが親切な作りといえるでしょう。ここでは10章の1の「mail_basic.php」で作った簡易的なメール送信を使いましょう。もちろん、10章の2で学んだような本格的なメール送信にしても構いません。

CODE contact.php

```
//POSTデータのバリデーション
    if(!preg_match($pattern, $email)){
        $err = 'メールアドレスの形式が違います。';
    }
    if(!isset($err)){                              ❶ エラーがなかった場合はメール送信
        //データベースへの登録（今回は省略）
        mb_language("Japanese");
```

```
            mb_internal_encoding("UTF-8");
    $subject = 'お問い合わせありがとうございます。';
    $inquiry =<<<EOM
{$name}さん、

お問い合わせ内容：
{$inquiry}
EOM;
        $headers = 'From: sender@sender.com' . "\r\n";

        if(mb_send_mail($email, $subject, $inquiry, $headers) === FALSE){
            $message = 'メール送信に失敗しました。';
        }else{
            $message = 'お問い合わせを受け付けました。確認メールを送信しております。';
        }
    }
}
?>
```

❷ メールの成功、失敗に応じてメッセージを格納

バリデーションの結果、入力値に間違いがあった場合は $err にエラーメッセージを格納しています。isset( )は変数が存在しているかどうかを判定するコードでしたね。「!isset($err)」は「isset($err) != TRUE」と同じ意味です。「!=」は型の判定をしていません。「===」や「!==」など厳密に型まで判定するのが望ましいですが、isset は確実に論理値である「TRUE」か「FALSE」を返してきているはずなのでこれでも大丈夫です。メール送信の成否によって表示するメッセージを分岐させておきましょう。

メッセージの出力

エラーや結果を表示する

もう一度 HTML 部分に戻りましょう。今度は、前半のプログラム部分でエラーメッセージや結果メッセージを変数に格納してありますね。それを出力するコードを追加しましょう。

CODE contact.php

```
<html>
<head>
<style>
p.red-text {
  color:red;
}
</style>
</head>
<body>
<h1>お問い合わせ</h1>
<?php if(isset($message)){echo '<p class="red-text">'.$message.'</p>';} ?>
<form action="" method="POST">
    <label>お名前</label>
```

❶ メッセージの文字色を赤色に設定

❷ メッセージ送信の結果を出力

```html
		<p><input type="text" name="name"></p>
		<label>メールアドレス</label>
		<?php if(isset($err)){echo '<p class="red-text">'.$err.'</p>';} ?>
		<p><input type="text" name="email"></p>
		<label>お問い合わせ内容</label>
		<p><textarea name="inquiry"></textarea></p>
<input type="submit">
</form>
</body>
</html>
```

❸ エラーメッセージを出力

　メッセージは CSS を使って文字色を変更しておきましょう❶。ここで大事なのは結果メッセージ、エラーメッセージともに、isset( ) で判定することです❷❸。これが無いと初回のアクセス時に $message も $err も存在しないために「Undefined」という Notice エラーが出てしまいます。Notice レベルのエラーは、発見されてもそのまま最後までプログラムが動作するのですが、無視してはいけないエラーです。

> **COLUMN　まだ完成ではない？メールアドレスの正規表現**
>
> 　正規表現がもういっぱいいっぱいの方は、ここを飛ばしても構いません。入門書のためプログラムの難易度を調整しています。メールアドレスに関して実務的にバリデーションをかける場合は、もう 1 つだけ考慮しておきたいことがあります。@マークより前にドット「.」がつくケースです。RCF というルールによれば、「.」が連続するのは NG、「.」が「@」の直前にあるのも NG になります。これに対応させるためには、「@」より前の部分を
>
> ```
> $pattern = '/\A([a-z0-9_\-\+\/\?]+)(\.[a-z0-9_\-\+\/\?]+)*';
> ```
>
> とする必要があります。「( )*」は 0 回以上を表しています。ドット（「\.」）と 1 文字以上のセット（[a-z0-9_-+\/\?]+）が 0 回以上、ということはこれで「sample.tokyo」や「sample.tea.sweets」などはマッチしますね。「sample..tokyo」や「sample.tokyo.」などドットの繰り返しやドットで終わるなどのアドレスにはマッチしなくなります。これで正式なメールアドレスのパターンになりました。

完成コードを確認する

コードを呼んで流れを把握する

　それでは完成したコードの全体の流れを確認しましょう。今回はバリデーションを通過した後のメール送信、メッセージの出力の流れが重要でした。以下のようなコードになります。

CODE contact.php

```php
<?php
if($_SERVER['REQUEST_METHOD'] === 'POST'){
```

```php
    $name = $_POST['name'];
    $email = $_POST['email'];
    $inquiry = $_POST['inquiry'];

//POSTデータのバリデーション
    $pattern = '/\A([a-z0-9_\-\+\/\?]+)';
    $pattern .= '@([a-z0-9\-]+\.)+[a-z]{2,6}\z/i';

    if(!preg_match($pattern, $email)){
        $err = 'メールアドレスの形式が違います。';
    }

    if(!isset($err)){
        //データベースへの登録
        mb_language("Japanese");
        mb_internal_encoding("UTF-8");
        $subject = 'お問い合わせありがとうございます。';
$inquiry =<<<EOM
{$name}さん、

お問い合わせ内容：
{$inquiry}
EOM;
        $headers = 'From: sender@sender.com' . "\r\n";

        if(mb_send_mail($email, $subject, $inquiry, $headers) === FALSE){
            $message = 'メール送信に失敗しました。';
        }else{
            $message = 'お問い合わせを受け付けました。確認メールを送信しております。';
        }
    }
}
?>


<html>
<head>
<style>
p.red-text {
  color:red;
}
</style>
</head>
<body>
<h1>お問い合わせ</h1>
<?php if(isset($message)){echo '<p class="red-text">'.$message.'</p>';} ?>
<form action="" method="POST">
    <label>お名前</label>
    <p><input type="text" name="name"></p>
    <label>メールアドレス</label>
    <?php if(isset($err)){echo '<p class="red-text">'.$err.'</p>';} ?>
    <p><input type="text" name="email"></p>
```

```html
    <label>お問い合わせ内容</label>
    <p><textarea name="inquiry"></textarea></p>
<input type="submit">
</form>
</body>
</html>
```

　今回、1つのファイルでお問い合わせフォームを作ってきましたが、これにはメリットがあります。バリデーションにマッチしなければ $err、メール送信後のメッセージは $message と、同じデザインの上にメッセージを追加することができるのです。もちろんその場合は、エラーが出ないように isset( ) などできっちり変数の存在を確認しておく必要があります。

　これを2つ以上のファイルで実現しようとすると、エラーがあったときに1つ目のファイルに戻るのに header("Location: ページの URL") というコードを使って強制的に前のファイルに戻す仕組みが必要になります。これを「リダイレクト」といいます。リダイレクトしたときはせっかく格納した変数のデータを忘れてしまうのでうまくメッセージの表示ができなくなるのです。今後「セッション」という、ページを超えてデータを保存する仕組みを学習すれば、それも実現可能になります。さまざまなケースに合わせて便利な仕組みが存在します。どんどん吸収していって自由に制作できるようにしていきましょう！

Part2 構文&制作編

第11章

関数を使って処理をまとめる

これまでWebサービスに関わるさまざまなプログラミングを学んできました。ここからは実際の制作に入る上での大事な整理整頓の技術を学びます。例えばデータベースの接続からデータ取得の流れまでを思い出してください。新たに書くのはもちろんコピペするにしても面倒な作業です。複雑なコードほど行数も増えて読むだけでは理解が難しくなります。「関数」とはそれらの処理をひとまとめにし、再利用できるようにしたものです。これを身に付けることでもっと複雑な機能が簡単に作れるようになるのです。

11：関数を使って処理をまとめる

01 簡単な関数を自作する

関数？ 数学が始まるんですか？ 苦手なので不安です

日本語訳は関数だけど、英語はfunction（ファンクション）なんだ。役割を持ったプログラムの集まりのことだよ

関数とは

　関数とは、コードの一連の処理をまとめて定義することです。英語ではfunction（ファンクション：機能）といいますが、別の訳語の「機能」のほうが「関数」より感覚的に理解しやすいでしょう。関数には必要な値を渡したり、返したりする仕組みが存在していて自作した関数を何度も使い回すことができます。構文は以下のようになります。

```
function 関数名(引数){
        //一連の処理
        //必要なら値を返す（return）
}
```

　関数名は、PHPマニュアルの「命名の手引き」によると単語の間にアンダースコアを使用する、となっているので「**スネークケース**」で付けることになります。スネークケースとは大文字を使わない「some_code_name」といった書き方です。引数は関数を使用する時に値を受け取るための変数です。ここが非常に大事なのであとで詳しく解説します。一連の処理を終えた後「return（リターン）」というコードを使って、処理後の値を返すこともできます。

複雑なコードを簡単にする

　クライアントからのフォームへの入力値を出力する場合、必ずやっておかなければならないのがhtmlspecialchars( )でした。しかし、このコード。長いし、書くことも複雑で覚えるのが大変です。関数としてまとめれば次回以降簡単に呼び出すことができるようになります。以下のようにコードを書いてみましょう。

CODE escape1.php

```php
<?php
function html_escape($word){
   return htmlspecialchars($word, ENT_QUOTES, 'UTF-8');
}
```

❶ 関数の名前を付ける
❷ 処理したデータを返す

　まずfunctionの宣言をして名前を付けます❶。関数名はスネークケースで、できるだけ意味の

わかりやすい単語を使います。今回、入力値の悪意あるコードを防ぐ（エスケープ）ための関数ですので、html_escape( )とでも名付けましょう。$wordには文字列が送られてきます。

次に、htmlspecialchars( )の処理を加えた後でreturnしています。文字通り「返す」という意味なのですがどこに返されるのでしょうか。それを確認するためにコードを追加してみましょう。

CODE escape2.php

```
   return htmlspecialchars($word, ENT_QUOTES, 'UTF-8');
}

$word = '<h1>こんにちは</h1>';
echo $word;                    ❶ そのままechoする
echo html_escape($word);       ❷ 関数を通してからechoする
```

では、実際にコードを実行してみましょう。クライアントからの<h1>タグ入りの文字列をそのまま出力しているコードは、タグの役割が反映されて大きく表示されています。一方、html_escape( )を通したほうは<h1>もタグではなく文字列として扱われています。

```
こんにちは
<h1>こんにちは</h1>
```

さて、何が起こったのか詳しく見ていきましょう。まず自作のhtml_escapeを使用するには必ず丸括弧が必要です❷。今回はここに引数を設定します。$wordに処理を加えてもらいたいので$wordを丸括弧内に書きましょう。これで一度$wordは先に記述してある関数へと送られます。htmlspecialchars( )の処理をしてからreturnをします。これを「**返り値**」と呼びます。返ってきた値をechoすることで処理が済んだ文字列を出力できました。一度関数が読み込まれていれば、名付けた通りの名前でその機能が使用できます。

よく起こる関数の勘違い

ここで初心者のころよく起こしがちな勘違い、つまずきを紹介します。以下のコードを見てください。

CODE escape3.php

```
$word = '<h1>こんにちは</h1>';
echo html_escape($word);                        ❶ 関数の宣言前に呼び出す

function html_escape($str){                     ❷ $wordと別の名前の変数にする
   return htmlspecialchars($str, ENT_QUOTES, 'UTF-8');
}
```

さて、上記コードですが正常に動作できるでしょうか。

答えは「問題なく動作する」です。ここまでプログラミングを学習してきた方の中には、このコードに違和感を覚える方がいらっしゃるかもしれません。html_escapeの定義がそれを使用するコードより後に記述されています。本来、順番通りに書かなければならないルールからすると書き方が逆のように見えます。このコード、実は何の問題もありません。正常に動作します。ポイントは2つあります。1つは読み込む順番です。プログラミングに慣れてきた方は、プログラムは上から順番にと考えるでしょう。そうするとfunctionを宣言する前にhtml_escape()を使おうとするとエラーが出るのではないかと考える方が多いのです。正確に解釈するには以下のことを知っておく必要があります。

実はPHPを実行する時、裏では「**コンパイル**」というものが行われています。これにより、人が理解できる言語から機械が理解できる言語へと変換されます。関数の存在を確認するのはこの時です。ということは実行時にはすでにコンピュータがhtml_escape()という名前の関数を知っていることになりますので問題なく動作します。

次に変数の問題です。function html_escape($str)を見ると$strとなっています。これは、関数の命令時の$wordと一致していません。関数を呼び出す時、変数をそのまま渡すのではなく中身のデータだけを渡して新たに$strという変数に詰め直しています。変数名はそろえていなくてよいのです。実はこのようなことはよくあることです。すでに他のエンジニアの作った便利な関数を使う場合もありますので、関数に引数を渡したら後はお任せなんてこともできるのです。

> **MEMO** すでに便利なコードがあることを知らずに、一から新たに同じような機能を作ることを、車の製造にたとえて「車輪の再開発」といいます。制作現場ではこれは時間のロスにつながります。関数は車輪の再開発を防ぐ非常に便利な技術といえます。

11：関数を使って処理をまとめる

02 | 複数の引数を設定する

引数やreturnする値って複数設定できるんですか？

 できるよ！それぞれつまずきやすいところだから順に見ていこう

2つの引数を設定する

引数の数は増やすことができます。2つの数を合計するget_sum( )という関数を作ってみましょう。

CODE func_sum.php

```php
<?php

function get_sum( $int1, $int2) {     ❶ 2つの引数を設定する
    $sum = $int1 + $int2;
    return $sum;
}

$int1 = 8;
$int2 = 3;

$result = get_sum( $int1, $int2);     ❷ 値を一度$resultに格納する
echo $result;
```

丸括弧内でカンマを付ければ引数を複数設定できます❶。関数を使用し、値を渡す際には順番通り渡す必要があります❷。左から順番に $int1 を第1引数、$int2 を第2引数と呼びます。今回、処理を加え return したものを一度 $result に代入しています。1つの値に複数の処理を加えることが多いので、このように $result など変数の受け皿を作ることがよくあります。動作させると 8+3 の結果が表示されます。

複数の値を返す

複数の値を返す場合にはどうすればよいのでしょうか？　答えは6章で学んだ配列を使うことです。return は配列にも対応しています。引き算の答えも返す関数にするため、次のようにコードを追加、変更しましょう。

CODE func_cal.php

```php
function get_sum_and_diff($int1, $int2) {
    $sum = $int1 + $int2;
    $difference = $int1 - $int2;
    return array($sum, $difference);
}

$int1 = 8;
$int2 = 3;

list($sum, $difference) = get_sum_and_diff($int1, $int2);
echo $sum.'<br>';
echo $difference;
```

❶ 配列に詰めてからreturnする
❷ 配列をlist( )を使って受け取る

　引き算の答え $difference も return しましょう。この場合、一度 $sum とともに配列に格納しておきます❶。関数使用時にそのまま配列として取得することももちろん可能ですが、ここではlist( )というコードを紹介します❷。これは添え字配列をいっぺんに複数の変数に代入するコードです。配列に格納した順番に list( )のほうでも変数を指定すれば、一度に複数の代入が行えます。和と差が同時に返ってきているか動作させて確認してみましょう。

3つの引数とデフォルト値

　引数にはデフォルト値を設定することができます。毎回値が固定しやすいものにはデフォルト値を与えておき、必要な時だけ値を設定することができます。例えば以下のようにコードを書いたとします。

CODE func_option.php

```php
<?php

function show_members($member1, $member2, $leader = '田中'){
    echo '今回のメンバーは'.$member1.'さんと'.$member2.'さんです。<br>';
    echo $leader.'さんが現場を管理します。';
}

show_members('高橋', '小林');
```

❶ 第3引数にデフォルト値を設定
❷ 第3引数を指定しない

　show_members( )には3つの引数が設定されています❶。この場合、本来関数使用時に3つの値を渡す必要があるのですが、$leader = ' 田中 ' のように引数を設定した場合、値が渡されなければ自動的に ' 田中 ' さんの名前が代入されます。実行結果は以下のようになります。

```
今回のメンバーは高橋さんと小林さんです。
田中さんが現場を管理します。
```

　第3引数はオプションとして必要な時だけ指定すればよいことになります。show_members(' 高橋 ', ' 小林 ', ' 渡辺 ') のように第3引数を指定した場合は、デフォルト値ではなく渡した値が優先されます。関数を作る時にオプションを意識できると、より効率的なコードが書けるようになります。

11：関数を使って処理をまとめる

03 | スコープを理解する

関数が必須なのはわかるんですが、Undefined がたびたび出てしまって困ってます

 その解決にはスコープを理解する必要があるね。詳しく検証してみようか

グローバル変数とローカル変数

変数には有効範囲があります。その有効範囲のことを「**スコープ**」と呼びます。関数を扱う場合は、スコープに意識を払う必要があります。以下のコードをご確認ください。動作させる前に考えてみましょう。このうちいくつかの var_dump( ) では「Undefined」のエラーが出てしまいます。「Undefined（アンデファインド）」はプログラムがその存在を認識していない場合に出ました。すべて探せるでしょうか。

CODE scope.php

```php
<?php

function hello_message($name){
  $now = date('H:i:s');
  echo 'はじめまして'.$name.'さん '.$now;

  var_dump($word);   ❶
  var_dump($now);    ❷
  var_dump($name);   ❸
}

$word = '太郎';
hello_message($word);

var_dump($word);   ❹
var_dump($now);    ❺
var_dump($name);   ❻
```

さて、1つずつ見ていきましょう。まず、大事なルールを確認します。それは関数内は別世界であるということです。関数内で使われる変数を**ローカル変数**といい、関数の中でだけ認識されます。家の中で会話した内容を外の人が知らないのと同様です。$word = '太郎' で作成された変数は**グローバル変数**といい、関数外で認識されます。

hello_message($word) により「太郎」という文字列が関数へ渡されます。受け取り先での

変数名は $name です。date('H:i:s') は現在の時刻を取得するコードです。「H」は時、「i」は分、「s」は秒を表しています。date('H 時 i 分 s 秒 ') のような書き方もできます。ここで、関数内では外の世界のグローバル変数のことを知らないので $word は Undefined になります❶。$now と $name は関数内で既出ですので問題なく動作します❷❸。

今度は関数外のコードを見ていきましょう。$word はグローバル変数なので問題なく動作します❹。一方、$now と $name は関数内で作成された変数ですので Undefined になります❺❻。ということで6つ中❶❺❻の3つの変数は Undefined のエラーが出る結果となります。

ローカル変数の有効範囲

関数内での変数の有効範囲を意識することは重要です。以下の図でスコープを確認しておきましょう。

```
                    関数の入口
function hello_message($name)
    $now = date('H:i:s');
    echo 'はじめまして '.$name.' さん '.$now;

    var_dump($word);
    var_dump($now);
    var_dump($name);
}

$word = ' 太郎 ';
hello_message($word);
```

ローカル変数は色の付いた範囲内のみで有効です。外の世界との唯一のつながりは丸括弧内の $name です。ここが入口になっていて外の世界から関数を呼び出した時に処理したい値を渡しています。これにより、関数を作る人と関数を使う人が異なっていても、変数名の衝突が起こらないようになっているのです。

> **POINT 関数に渡す引数が少ない場合の挙動**
>
> 自作した関数（ユーザ定義関数）について PHP7.1 より前と 7.1 以降では挙動が異なっています。7.1 より前では渡す引数が少ない場合、「warning」が発生していました。warning とは実行を止めるほどではないけど間違っているという意味です。一方、7.1 以降では「Fatal error」が発生し、実行自体されずに止まってしまうようになりました。より厳密なルールになったといえますね。

11：関数を使って処理をまとめる

04 関数ファイルを分離する

データベース関連のコードも関数にまとめられるんですか？

もちろんだよ！今後は関数名で呼び出すからすごくシンプルな書き方になるんだ

関数専用のファイルを用意する

ここからは最終課題のための準備に入ります。関数は関数専門のファイルに移して後から読み込むようにしましょう。functions.php を作って、先ほど11章の1で作成した html_escape( ) や、その他便利な関数を作成しておきましょう。

CODE functions.php

```php
<?php
function html_escape($word){
    return htmlspecialchars($word, ENT_QUOTES, 'UTF-8');
}
```

POSTデータの取得や検証に関わる関数

以下、新たに加える関数は下に追加していきましょう。POSTデータ取得用の get_post( )、POSTデータの検証をする check_words( ) を加えましょう。

CODE functions.php

```php
    return htmlspecialchars($word, ENT_QUOTES, 'UTF-8');
}
function get_post($key){           // ❶ 変数名を$keyとして取得
    if(isset($_POST[$key])){       // ❷ isset判定
        $var = trim($_POST[$key]); // ❸ 前後の空白を除去
        return $var;
    }
}
function check_words($word, $length) {  // ❹ 第2引数に長さを設定

    if(mb_strlen($word) === 0){
        return FALSE;              // ❺ 問題があればFALSEを返す
    }elseif(mb_strlen($word) > $length){
```

```
        return FALSE;
    }else{
        return TRUE;
    }
}
```

POSTデータの取得も関数にするの?と驚かれるかもしれませんが、一般的なことです。取得時のキーは<input>のnameで指定した文字です。こちらが存在していれば取得をします❷。誤って空白などが入力されていた場合を想定してtrim( )という関数を入れておきましょう。これで前後の空白が除去できます❸。trim( )のような元からある関数(**組み込み関数**)を自作関数の中で使用することもできるのです。

check_words( )では空文字だった場合と文字数が多すぎた場合にFALSEを返すようにしてあります❺。問題なければTRUEが返ってきます。どちらも論理値(boolean)です。$lengthには許容する文字数を渡しましょう。

データベースへの接続

今度は複雑だったデータベース系のコードを関数化していきましょう。まずは接続用の関数get_db_connect( )を加えましょう。

CODE functions.php

```
functions get_db_connect() {
try{
    $dsn = 'mysql:dbname=sample;host=localhost;charset=utf8';
    $user = 'root';
    $password = '';

    $dbh = new PDO($dsn, $user, $password);
    }catch (PDOException $e){
       echo($e->getMessage());
       die();
    }
    $dbh->setAttribute(PDO::ATTR_ERRMODE, PDO::ERRMODE_EXCEPTION);
    return $dbh;    ❶ 接続用の切符$dbhを返しておく
}
```

7章の4のコードそのままです。ここで大事なのはデータベースの操作はデータの挿入時も取得時も、常にデータベースにアクセスする切符が必要になりますので、それをreturnしておく必要があります❶。

さて、ひとまずこれで準備は完了です。functions.phpだけでは何も起きませんが、便利な道具の集まりが手に入りました。このファイルを読み込んでしまえばデータベースの接続も「$dbh = get_db_connect();」と1行書けばよくなります。それでは次節で「ひとこと掲示板」の制作に取り組んでいきましょう。ここまでの知識であっという間に作れてしまいますよ。

11：関数を使って処理をまとめる

05 実習 ひとこと掲示板を作る

ここでは掲示板を作ってみようか。なるべくシンプルにコードを書くように心がけてみよう

掲示板なんてずっと先の応用だと思ってました。関数を組み合わせていけばいいんですね

準備する

制作の流れ

ひとこと掲示板には「名前」「ひとこと」「日時」が書き込めるようにしましょう。日時は自動で取得します。やりたいことを関数化させて制作していく手順を体験していきましょう。

1. ひとことを登録するテーブル（board）を作りましょう。
2. 関数ファイルを読み込み、HTMLファイルも別に分けましょう。
3. フォームにはバリデーション機能を付け、文字数に問題があった場合はエラー表示を出しましょう。

要件定義

- 名前欄は50文字まで、コメント欄は200文字までとしましょう。どちらも必須とします。
- フォームからのデータ挿入にはbindValue( )を使ってください。
- 入力データを出力する時はhtml_escape( )を使用してください。

新たなテーブルの作成

board テーブルを作成する

新たに「board」という名前のテーブルを作成しましょう。phpMyAdminから「sample」データベースを選択後、テーブル作成画面で名前を「board」、カラム数を4つにして「実行」ボタンをクリックします。

	名前	データ型	長さ	その他
カラム1	id	INT	5	インデックス：PRIMARYを選択、A_I：チェックを入れる
カラム2	name	VARCHAR	50	-
カラム3	comment	TEXT	-	-
カラム4	created	DATETIME	-	-

上記設定でテーブルを作成しましょう。データ型のTEXTを指定した場合は、長さが無制限になります。PHPプログラムでバリデーションをかけましょう。今回投稿日時を記録するための「created」カラムをデータ型「DATETIME」で用意します。こちらは「0000-00-00 00:00:00」の形で文字列を挿入しないとエラーになります。

関数の追加

データを挿入する関数

11章の4で作成したfunctions.phpにさらに関数を追加しましょう。まずはデータ挿入の関数です。

CODE functions.php

```
function insert_comment($dbh,$name,$comment){          ❶ 切符とデータを渡す

    $date = date('Y-m-d H:i:s');                        ❷ 現在の日時を取得
    $sql = "INSERT INTO board (name, comment, created) VALUE (:name, :comment, '{$date}')";
    $stmt = $dbh->prepare($sql);                        ❸ $dateはそのまま連結
    $stmt->bindValue(':name', $name, PDO::PARAM_STR);
    $stmt->bindValue(':comment', $comment, PDO::PARAM_STR);
    if(!$stmt->execute()){
        return 'データの書き込みに失敗しました。';
    }
}
```

コメントを書き込む関数です。データベース接続時に取得した切符を必ず渡すようにしてください❶。$nameと$commentはPOSTデータを取得後に渡すものです。現在日時の取得はデータベース挿入用に形を作ってください。「Y-m-d」で「2017-09-14」などのような形で取得できます。

その後スペースを一文字入れましょう。$date はクライアントからの入力値ではないためそのまま連結させても大丈夫です❸。ダブルクォーテーションで囲んでいる場合、{$date}のように記述すれば変数を見つけ出して展開してくれます。

データを取得する関数

最後にデータを取得する関数を加えましょう。

CODE functions.php

```php
function select_comments($dbh) {
$data = [];
    $sql = "SELECT name, comment, created FROM board";   ❶ カラム名はおのおの指定する
    $stmt = $dbh->prepare($sql);
    $stmt->execute();
    while($row = $stmt->fetch(PDO::FETCH_ASSOC)){
        $data[] = $row;
    }
    return $data;   ❷ 配列を返す
}
```

こちらも $dbh に切符を渡します。「*」(オール)は使わずそれぞれのカラム名を指定しましょう。基本的に id カラムを出力することはないので省きます。これによりややデータベースの負担が軽くなるのです。$data は二次元配列でした。そのまま return しておきましょう。

ファイル構成を作る

require_once( )とinclude_once( )

正式な Web サービスの構造に近づけていきます。まず、board.php を作り functions.php を読み込みます。

CODE board.php

```php
<?php
require_once('functions.php');   ❶ 関数ファイルを読み込む
//ここに処理の流れを書く
include_once('view.php');   ❷ HTMLを読み込む
```

view.php も中身は空っぽでかまいませんので作成しておきましょう。これで基本の構成ができました。view.php には基本的に HTML を記述していきます。echo などもするので PHP ファイルにしておくのがよいでしょう。

> **MEMO** require_once(リクワイアワンス)と include_once(インクルードワンス)は、ともにファイルを読み込むコードです。require_once( )で関数ファイルを読み込めば、自作の関数が使用できるようになります。require_once( )はコードの途中にエラーがあった場合処理が止まってしまいます。関数ファイルの読み込みなどプログラムにエラーがあった場合、処理を止めたほうがよいものを読み込む場合に使います。
> include_once( )は途中のコードにエラーがあっても処理を続けます。表示に関わるファイルを読み込む場合に使われます。

掲示板の機能をプログラムする

処理の流れを確認する

ある程度プログラムが大きくなってきたので、いきなり書き出すのでなく処理の流れを確認しましょう。掲示板では以下のように処理が行われます。

①データベースに接続する
②フォームのデータを取得しバリデーション
③データを挿入する
④データベースから表示用のデータを引き出す
⑤出力する

以上が簡単な処理の流れになります。③と④の流れを逆にすることはできません。データを引き出してから挿入を行ったら、引き出したデータは最新のものではなくなってしまいます。このように処理が行われる順番を考えることは非常に大事なことなのです。

board.php の処理の流れを作る

ひとまず、データベースに接続するコードを書きましょう。

CODE board.php

```php
require_once('functions.php');

$errs = [];         // ❶ エラー文格納用の配列の初期化
$data = [];         // ❷ データベースから引き出すデータの格納用配列
$dbh = get_db_connect();  // ❸ データベースに接続
```

$errs を配列として初期化しておきましょう❶。後で count( ) で要素数を数えて、エラーがある場合は出力します。データベースの接続はコードがずいぶんすっきりとしました❸。

バリデーションとデータ挿入

次に入力値の検証とデータ挿入を書いていきます。以下のようにコードを追加しましょう。

CODE board.php

```php
$dbh = get_db_connect();

if($_SERVER['REQUEST_METHOD'] === 'POST'){

    $name = get_post('name');          // ❶ POSTデータを取得
    $comment = get_post('comment');

    if (!check_words($name, 50)) {     // ❷ 文字制限を指定する
        $errs[] = 'お名前欄を修正してください';
    }
```

```php
    if (!check_words($comment, 200)) {
        $errs[] = 'コメント欄を修正してください';
    }
    if(count($errs) === 0){
    $result = insert_comment($dbh,$name,$comment);     ← ❸ データ挿入
    }
}
```

作成したgetpost()でデータを取得します❶。これでtrim()も自動的に行ってくれます。check_words()でFALSEが返ってきたらデータ挿入はできません❷。$errs[ ]にエラーメッセージを格納しておきましょう。$errs[ ]の要素が存在しなかったらinsert_comment()を実行します❸。

データを取得する

次に入力値の検証とデータ挿入を書いていきます。以下のようにコードを追加しましょう。

CODE board.php

```php
}

$data = select_comments($dbh);     ← ❶ データを取得する

include_once('view.php');
```

データの取得は必ず行うので「if($_SERVER['REQUEST_METHOD'] === 'POST'){」のif文の外に書きます。データを取得するコードも非常にすっきりとしました❶。

view.phpにHTMLを書き込む

出力用のデザイン部分を組む

最後にview.phpのコードを作ります。ここまでで表示データの取得までは終えていますので後は出力に関わるプログラムのみです。

CODE view.php

```php
<html>
<body>
<h1>ひとこと掲示板</h1>
<table border=1>
    <tr style="background-color: orange"><th>名前</th><th>コメント</th><th>時刻</th></tr>
    <?php if(count($data)):     ← ❶ $dataが1件以上あれば出力する
    foreach($data as $row): ?>
    <tr>
    <td><?php echo html_escape($row['name']);?></td>
    <td><?php echo nl2br(html_escape($row['comment']));?></td>     ← ❷ html_escape()の後でnl2br()
    <td><?php echo $row['created'];?></td>
    </tr>
```

```
        <?php endforeach;
            endif; ?>
</table>
<?php if(count($errs)){
    foreach($errs as $err){
        echo '<p style="color: red">'.$err.'</p>';
    }
}?>
<form action="" method="POST">
<p>お名前*<input type="text" name="name">(50文字まで)</p>
<p>ひとこと*<textarea name="comment" rows="4" cols="40"></textarea>(200文字まで)</p>
<input type="submit" value="書き込む">
</form>
</body>
</html>
```

❸ エラーがあれば出力する

　$dataの要素が存在する場合は、foreach()を使って出力しましょう❶。include_once()ではboard.phpで取得した$dataのデータは引き継がれています。フォームからの入力値は出力前に必ず無毒化する必要がありました。html_escape()を使用しましょう。ただし、$row['created']はフォームからの入力値ではなく、date()関数で生成した値なのでエスケープの必要はありません。コメントには改行コードが含まれる可能性があるので、さらにnl2br()が必要です❷。エラーがあった場合はどこの入力欄にエラーがあるか赤文字で表示しましょう❸。本来直接styleは記述しないのですが、今回簡易な方法でHTML内に記述しています。これで完成です。board.phpにアクセスして動作を試してみましょう。

> **MEMO** nl2br(html_escape($row['comment']))は順序が大事です。この場合、先にhtml_escape()が行われて次にnl2br()が行われます。もしこれが逆だと先にnl2br()で改行タグに変換されます。次にhtml_escape()でHTMLタグが無効化されますので改行が行われなくなってしまいます。

COLUMN MVC

　11章の5の構成はMVCという考え方を元にしています。Mは**モデル**といってデータの処理を担当します。Vは**ビュー**で表示を、Cは**コントローラ**のことで処理の流れを担当します。このように役割分担してプログラムを書いていくことには大いにメリットがあります。

　今回の課題ではまずfunctions.phpを読み込みました。こちらはデータベースなどを担当するモデルといえます。board.phpは処理の流れだけを記述しましたのでコントローラといえます。コントローラをどれだけ簡潔に書けるかが読みやすさ、メンテナンスのしやすさからも重要といえます。出力以外のすべての処理を終えたらview.phpにデザインを記述していきます。こちらはコーダーが編集するファイルなので、なるべくプログラムを入れないほうが見やすいです。

　以上のようにプログラムが複雑になるほどファイルごとの役割分担が大事になるのです。ちなみにプロのサイトでは関数をさらに役割ごとに分けて数十ファイル以上読み込んでいます。

完成コードを確認する

コードを読んで流れを把握する

　今回は、ファイルごとの役割分担を決めて制作をしてきました。関数をまとめる functions.php、処理の流れを書き込む board.php、HTML など出力部分を担当する view.php。それぞれがどのように関わっているか全体像を見ていきましょう。

　まずは、functions.php です。このファイルは関数だけを集めています。関数は1つ1つがいくつかの処理をまとめた道具といえます。functions.php は、いわゆる制作していく上での道具箱ですね。

CODE functions.php

```php
<?php
//出力前に特殊文字を変換する
function html_escape($word){
    return htmlspecialchars($word, ENT_QUOTES, 'UTF-8');
}

//POSTデータを取得する
function get_post($key){
    if(isset($_POST[$key])){
        $var = trim($_POST[$key]);
        return $var;
    }
}

//文字列の長さをチェックする
function check_words($word, $length) {

    if(mb_strlen($word) === 0){
        return FALSE;
    }elseif(mb_strlen($word) > $length){
        return FALSE;
    }else{
        return TRUE;
    }
}

//データベースに接続する
function get_db_connect() {
try{
    $dsn = 'mysql:dbname=sample;host=localhost;charset=utf8';
    $user = 'root';
    $password = '';

    $dbh = new PDO($dsn, $user, $password);
}catch (PDOException $e){
```

```php
        echo($e->getMessage());
        die();
    }
    $dbh->setAttribute(PDO::ATTR_ERRMODE, PDO::ERRMODE_EXCEPTION);
    return $dbh;
}

//コメントを書き込む
function insert_comment($dbh, $name, $comment){

    $date = date('Y-m-d H:i:s');
    $sql = "INSERT INTO board (name, comment, created) VALUE (:name, :comment, '{$date}')";
    $stmt = $dbh->prepare($sql);
    $stmt->bindValue(':name', $name, PDO::PARAM_STR);
    $stmt->bindValue(':comment', $comment, PDO::PARAM_STR);
    if(!$stmt->execute()){
        return 'データの書き込みに失敗しました。';
    }
}

//全コメントデータを取得する
function select_comments($dbh) {

    $data = [];
    $sql = "SELECT name, comment, created FROM board";
    $stmt = $dbh->prepare($sql);
    $stmt->execute();
    while($row = $stmt->fetch(PDO::FETCH_ASSOC)){
        $data[] = $row;
    }
    return $data;
}
```

　無害化用の関数、POSTデータを取得する関数、データベースへの接続をする関数などを直感的にわかる名前を付けてまとめています。関数には返り値というものがあることを学習しました。「return」と書くことで必要なデータを返しています。

　次は、board.phpです。こちらでは処理の流れを書き込んでいます。

CODE board.php

```php
<?php
require_once('functions.php');

//データベースへの接続
$dbh = get_db_connect();
$errs = [];
if($_SERVER['REQUEST_METHOD'] === 'POST'){
    //POSTデータの取得
    $name = get_post('name');
```

```
        $comment = get_post('comment');
        //文字数のチェック
        if (!check_words($name, 50)) {
            $errs[] = 'お名前欄を修正してください';
        }
        if (!check_words($comment, 200)) {
            $errs[] = 'コメント欄を修正してください';
        }

        if(count($errs) === 0){
        //コメントの書き込み
        $result = insert_comment($dbh,$name,$comment);
        }
}

//全コメントデータの取得
$data = select_comments($dbh);

include_once('view.php');
```

　board.php はプログラムの司令塔といえるファイルです。このファイルをなるべく見やすくすることが大事です。関数ファイルを別に用意することでずいぶん簡潔になりました。関数ファイルを読み込む、require_once()、ビューファイルを読み込む include_once() をしっかりと区別したいですね。
　最後にビューファイルを確認しましょう。こちらはコーダーの方が編集することになるファイルです。

CODE view.php

```
<html>
<body>
<h1>ひとこと掲示板</h1>
<table border=1>
    <tr style="background-color: orange"><th>名前</th><th>コメント</th><th>時刻</th></tr>
    <?php foreach($data as $row): ?>
    <tr>
    <td><?php echo html_escape($row['name']);?></td>
    <td><?php echo nl2br(html_escape($row['comment']));?></td>
    <td><?php echo $row['created'];?></td>
    </tr>
    <?php endforeach; ?>
</table>
<?php if(count($errs)){
    forech($errs as $err){
        echo '<p style="color: red">'.$err.'</p>';
    }
}?>
<form action="" method="POST">
<p>お名前*<input type="text" name="name">(50文字まで)</p>
```

```
<p>ひとこと*<textarea name="comment" rows="4" cols="40"></textarea>(200文字まで)</p>
<input type="submit" value="書き込む">
</form>
</body>
</html>
```

count( )を使って配列の要素数を確認することで、エラーがあるかどうか調べています。

以上で、3ファイルすべての確認が完了しました。こちらがWebアプリ制作の基本構成になりますので、しっかりと確認しておきましょう。

> **MEMO** 関数を自作する場合、1人で制作しているのなら自分が理解していれば問題はありません。しかし、もしも共同で作業していて関数を他人が利用する場合、どのような機能がある関数で、引数に何が必要か、など書いておいたほうがわかりやすいですよね。下の例は、CodeIgniter3という実際のフレームワークが持っている独自関数です。
>
> ```
> if ( ! function_exists('form_password'))
> {
>     /**
>      * Password Field
>      *
>      * Identical to the input function but adds the "password" type
>      *
>      * @param    mixed
>      * @param    string
>      * @param    mixed
>      * @return   string
>      */
>     function form_password($data = '', $value = '', $extra = '')
>     {
>         is_array($data) OR $data = array('name' => $data);
>         $data['type'] = 'password';
>         return form_input($data, $value, $extra);
>     }
> }
> ```
>
> 「/**」以降に注目してください。関数に関する説明が付いていますね。これを「ドキュメンテーションコメント」といいます。さらに、引数などの必要データに関する注釈をアノテーションと呼びます。「@param」は引数（パラメータ）を表し、mixedとなっていればさまざまな型を引数に設定できます。stringだったら文字列のみが許されます。「@return」では、返り値としてstringが戻ってくることを伝えています。真偽値だったら「bool」となっているでしょう。
> このように、他人が使っても困らないように関数にはドキュメンテーションコメントを加えると、より本格的な関数ファイルになっていきます。

Part2 構文&制作編

第 12 章

クッキーとセッション

この章では本来ホームページを表示する仕組みである HTTP の通信規約では実現できない、ページを移ってもデータを保存し続ける仕組みについて学びます。次回アクセスまでログイン ID を覚えていてくれたり、ショッピングカートに商品データを記録したりといったおなじみの機能です。便利な機能なだけにセキュリティのことや COOKIE（クッキー）と SESSION（セッション）の使い分けなど適切な使用方法を知っておきたいところです。

12：クッキーとセッション

01 クッキーの仕組みを理解する

クッキーって聞いたことあります。たまにホームページ閲覧中にも見かけます

でも何のことだかさっぱりな人が多いんだよね。どんな仕組みなのか見ていこう

クッキーにデータを保存する

クッキーにデータを保存すればページを移動してもデータを保持し続けることができます。

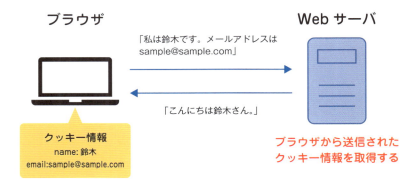

以下のようなコードを作成しましょう。

CODE cookie_set.php

```
<?php
setcookie('email', 'sample@sample.com', time() + (60 * 60 * 24 * 30));
?>
<html>
<body>
<h1>クッキーの練習</h1>
<a href="cookie_check.php">次のページへ</a>
<a href="cookie_delete.php">クッキーの削除</a>
</body>
</html>
```

❶ emailというキーでクッキーに保存する

さて、よくあるログイン用のアドレスを覚えておく仕組みですが、たったこれだけで完成です。

非常にシンプルに実現できました。setcookie( ) の引数は 3 つです❶。第 1 引数は取り出す時に指定するキー名、第 2 引数は保存する値、第 3 引数は有効期限です。有効期限は UNIX タイムスタンプという 1970 年からの秒数で指定します。time( ) で現在のタイムスタンプが取得できるので、それに 60 秒× 60 × 24 × 30 で 1 カ月ほどの時間、データをキープし続けるよう命令しています。クッキーデータを確認するには以下のようなページを作りましょう。

CODE cookie_check.php

```
<?php
var_dump($_COOKIE);
?>
<html>
<body>
<a href="cookie_set.php">戻る</a>
</body>
</html>
```

cookie_set.php にアクセスして、次のページへのリンクを踏んでみてください。クッキーデータは以下のように表示されるはずです（環境により、表示される文字が異なる場合があります）。

```
array (size=1)  'email' => string 'sample@sample.com' (length=17)
```

ここで大事なのはクッキーでは配列としてデータを保存しているということです。つまり、echo $_COOKIE ['email'] などと個別に指定して参照することも可能なのです。$_COOKIE はページにアクセスした時に自動的に作られます。$_POST や $_GET も同様で、こういった変数をスーパーグローバル変数といいます。どのページからでもアクセスが可能です。ここで、デベロッパーツールから「Application」のタグを開いてみましょう。「Cookies」を確認すると「email」という名前で保存されていることがわかります。

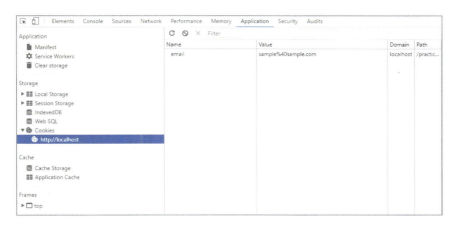

ここからわかるのは、==ブラウザがクライアントのパソコンの中にクッキーデータを保存しているということです==。つまり、他の人が同じパソコンを操作してクッキーデータを入手することも可能です。このことから、クッキーに保存するのは他人に見られても問題ないデータのみということになります。ログイン時によくある「ログイン ID を記憶」というチェック欄は、クッキーにデータを

保存するか否かを聞いているのです。また、セキュリティの観点から、パスワードをクッキーで管理するのは大変危険ともいえるので注意してください。

クッキーの削除方法も確認しましょう。クッキーを削除するページを以下のように作りましょう。

CODE cookie_delete.php

```php
<?php
setcookie('email', '', time() - 3600);  ← ❶ クッキーを削除する
var_dump($_COOKIE);
?>
<html>
<body>
<p>クッキーが削除されました。</p>
<a href="cookie_set.php">戻る</a>
</body>
</html>
```

実はクッキー削除用のコードはありません。そのため、やはりsetcookie( )を使い、第2引数を空文字、第3引数を現在時刻より前に設定することで強制的に時間切れにさせることで削除を実現しています❶。cookie_set.phpにアクセスして「クッキーを削除」のリンクを踏んでみてください。実際にクッキーが削除されれば成功です。ブラウザのキャッシュなどによって、すぐにデータ出力が反映されないことがありますので、デベロッパーツールを使って確認してみてください。

クッキーの有効範囲を指定することもできます。デフォルトではドメイン配下全体で有効なのですが、第4引数に指定することで範囲を狭くすることもできます。setcookie("email", "sample@sample.com", time() + (60 * 60 * 24 * 30) , "/practice"); とすると、ドメイン直下の「practice」というディレクトリ内でのみ有効になります。

> **MEMO** 「もっと詳しく」
>
> 第4引数以降はオプションになります。第5引数ではクッキーが有効なドメイン（'www.example.com'など）を設定することができます。また、第6引数では、論理値の「TRUE」を指定することでクライアントからのセキュアなHTTPS接続の場合にのみクッキーが送信されるようにします。HTTPS通信のできるサイトだったら必ず設定しましょう。さらに第7引数では、「TRUE」を指定することでJavaScriptのようなスクリプト言語からはアクセスできなくなります。XSS（クロスサイトスクリプティング）という攻撃対策の一環ですのでこちらもぜひ設定しておきましょう。

12：クッキーとセッション

02 セッションの仕組みを理解する

セッションを使うと何ができるようになるんですか？

セッションを使えば、ログイン認証やカートシステムを作れるようになるよ。実はクッキーを応用しているんだ

セッションに値を保存する

セッションもクッキーと同様に値を保持することができます。

セッションでは多次元配列が使えるので下記コードを試してみましょう。

CODE session_set.php

```php
<?php

session_start();          ❶ セッションを開始する
$_SESSION['profile'] = array('user_name' => 'taro', 'location' => '関東');   ❷ 配列を格納する
$_SESSION['cart']['desk_01'] = 3;
$_SESSION['cart']['chair_07'] = 5;       ❸ キーを商品ID、値を個数として初期化
?>

<html>
<body>
<h1>セッションの練習</h1>
<p><a href="session_check.php">次のページへ</a></p>
```

```
<p><a href="session_delete.php">セッションデータ削除</a></p>
</body>
</html>
```

セッションではプログラムの始めに session_start( ) と書く必要があります❶。これによりセッションの仕組みが使用できるようになります。使い方はまさに配列と同じでユーザデータをまるごと格納することもできます❷。この場合、ログイン時などにデータベースからユーザデータを引き出しておいて、常に「こんにちは、〜さん」などと表示するのにも使えます。また、個別に値を代入することも可能です❸。cart という大箱に商品 ID の名を付けた小箱を作り、その中に個数を代入しておくこともできます。以下のようなイメージを持つとよいでしょう。

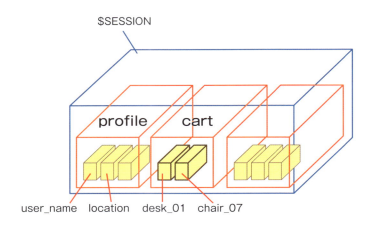

セッションデータを出力する

セッションデータはいつでも引き出して使用できます。以下のページを作り、動作を確認しましょう。

CODE session_check.php

```
<?php
session_start();
var_dump($_SESSION);
?>
```

次のページでも session_start( ) は必要です。session_set.php にアクセスして「次のページへ」のリンクを踏みましょう。var_dump( ) により以下のようなデータが表示されます。デベロッパーツールでソースコードを確認すると改行されていて見やすいです。

結果：アクセス後デベロッパーツールより表示

```
<html>
  <head></head>
▼ <body> == $0
    "array(2) {
      ["profile"]=>
      array(2) {
        ["user_name"]=>
        string(4) "taro"
        ["location"]=>
        string(6) "関東"
      }
      ["cart"]=>
      array(2) {
        ["chair_07"]=>
        int(5)
        ["desk_01"]=>
        int(12)
      }
    }
```

しっかりと二次元配列になっていることがわかります。次にデベロッパーツールで cookies を確認してみましょう。

セッションはクッキーの仕組みを応用しています。クッキー名は「PHPSESSID」で、値は乱数になっています。保存した値はどこにも表示されていません。

> **MEMO** セッションでは、セッションデータにアクセスするための ID のみがクライアント側のコンピュータに保持されます。実際の登録したデータはサーバ上に保管されていて、ID を持ったパソコンからのみ閲覧が可能になります。これがセッションの仕組みなのです。つまり、個人のデータが直接クライアントのパソコンに残ることはないということです。また、セッションではデフォルトの有効期限が最終アクセスより 24 分後であることも覚えておいてください。こちらは php.ini の設定ファイルから変更も可能です。変更の場合は、「session.gc_maxlifetime=1440」を書き換えます。1440 は秒数ですので 24 分のことです。

では、実際のサイトのようにセッションデータを取り出して HTML 内でデータを出力してみましょう。以下のようにコードを追加します。

CODE session_check.php

```
//var_dump($_SESSION);
$profile = $_SESSION['profile'];   ← ❶ profileの配列を格納
$cart = $_SESSION['cart'];
?>

<html>
<body>
<p>こんにちは、<?php echo $profile['user_name']; ?>さん   ← ❷ キーを指定して出力
```

```html
地域：<?php echo $profile['location']; ?></p>
<h1>カートの中身</h1>
<hr>
<table border=1>
<tr><th>商品ID</th><th>個数</th></tr>
<?php foreach($cart as $key => $var): ?>   ❸ cartに中身をforeachを使って出力
<tr align="center"><td><?php echo $key; ?></td><td><?php echo $var;?></td></tr>
<?php endforeach; ?>
</table>
<a href="session_set.php">戻る</a>
</body>
</html>
```

スーパーグローバル変数である $_SESSION から要素ごとに変数に格納しておきます❶。この段階で $profile も $cart もそれぞれ配列です。配列は連想配列で作ったので、それぞれキーを指定して取り出します❷。$cart の中身は商品数が変動するものなので foreach を使って出力しましょう❸。

上書きと削除

カートの情報を上書きする場合には、後から $_SESSION['cart']['desk_01'] = 12; など数字を代入するだけで自動的に上書きされます。削除は配列用の組み込み関数である unset( ) を使用します。以下のようにコードを書けば指定したものだけの削除が可能です。

```php
session_start();
unset($_SESSION['cart']['desk_01']);   ❶ 商品データを削除する
unset($_SESSION['profile']);           ❷ profile全体を削除する
```

unset で指定した階層以下の要素がすべて削除されます。cart の desk_01 だけを個別に削除することもできれば❶、profile の配列ごとの削除も可能です❷。

セッション全体を削除する

最後に、セッションデータ全体の削除の仕方を確認しましょう。以下のようなコードになります。

CODE session_delete.php

```php
<?php

session_start();
$_SESSION = array();                          ❶ 配列を初期化する
$session_name = session_name();               ❷ セッション名を取得する

if (isset($_COOKIE[$session_name])){
    setcookie($session_name, '', time() - 3600);   ❸ クッキーデータを削除する
}

session_destroy();          ❹ セッションに関連付けられたデータを削除する
var_dump($_SESSION);
```

```
?>
<html>
<body>
<a  href="session_set.php">戻る</a>
</body>
</html>
```

　セッションデータの削除には、なんともこれだけのコードが必要なのです。まずは $_SESSION を初期化します❶。全体を unset( ) するのと同じです。session_name( ) で先ほどデベロッパーツールからで確認したクッキー名、「PHPSESSID」を取得します❷。クッキーに登録されたセッション ID を削除します❸。最後に、まだサーバ上に残っているセッションデータを削除します❹。session_set.php にアクセスして、「セッションデータの削除」のリンクを踏んでみてください。$_SESSION が空になり、var_dump(S_SESSION) で配列が空になっていることが確認できれば成功です。

練習

①セッションを開始し、キー「age」に36を、キー「email」に sample@sample.com を代入しましょう。確認でセッションデータの出力までしてみましょう（practice_session1.php）。
②上記課題①で格納したセッションデータのうち、キー「age」の値は 40 に書き換えましょう。また、キー「email」は削除してしまいましょう。確認のためにセッションデータを出力します。（practice_session2.php）

> **ATTENTION** 本書では array( ) をメインに使っていますが、配列の書き方は PHP5.4 以降、[ ] を使った記述方法も追加されています。その場合のコードは以下のようになります。
>
>   `$_SESSION['profile'] = ['user_name' => 'taro', 'location' => '関東'];`
>
> どちらのコードも使われるものなので覚えておいてください。

12：クッキーとセッション

03 　実習　ショッピングカートを作る

　Chapter12の最終課題だね。任せてみてもいいかな？

　セッションに配列にforeach。すべての組み合わせでカートシステムができていたんですね。じっくり考えて作ってみます！

準備する

制作の流れ

商品画面では商品と個数をカートに入れられるようにしましょう。カートの中身を確認できるように専用の画面を用意しましょう。個数の変更や削除もできるようにします。

1. 商品情報を表示するshop.phpを作成しましょう。

2. カートに入れたデータはセッションのキーを商品IDに設定し、個数を代入しておきましょう。

3. カートの中身を見るためのcart.php、カートの中身を一括削除するためのdelete.phpを用意しましょう。

要件定義

- カートに追加した商品には「追加ボタン」の代わりに「追加済み」と表示させてください。
- カートページには「変更」と「削除」の2種類のボタンを用意し、それぞれのボタンに対する処理に分岐させてください。
- カートで表示する商品はIDではなく商品名にしましょう。

商品一覧ページを作る

HTMLで商品一覧画面を作る

shop.phpを作成し、商品一覧画面を組みましょう。

CODE shop.php

```php
<?php
session_start();
//POSTデータをカート用のセッションに保存
?>
<html>
<body>
<h1>商品一覧</h1>
<a href="cart.php">カートを見る</a>     ❶ カートの中身は別ページで確認
<table style="text-align:center">
    <tr><th>商品</th><th>数量</th><th>ボタン</th></tr>
    <form action="" method="post">      ❷ POSTデータの飛び先は同じファイル
    <tr>
        <td>業務用デスク</td>
        <td>
            <select name="num">
            <?php for($i = 1; $i < 10; $i++):?>    ❸ 個数オプションをforで作成
            <option value="<?php echo $i;?>"><?php echo $i;?></option>
            <?php endfor; ?>
            </select>
        </td>
        <td>
            <input type="hidden" name="product" value="desk_01">
            <?php if(isset($cart['desk_01'])):?>
            <p>追加済み</p>
            <?php else: ?>                 ❹ カート追加済みかどうかをissetで判定
            <input type="submit" value="カートに入れる">
            <?php endif;?>
        </td>
    </tr>
    </form>
    <form action="" method="post">
    <tr>
        <td>快適いす</td>
        <td>
            <select name="num">
            <?php for($i = 1; $i < 10; $i++):?>
            <option value="<?php echo $i;?>"><?php echo $i;?></option>
            <?php endfor; ?>
            </select>
        </td>
        <td>
            <input type="hidden" name="product" value="chair_07">
```

```
            <?php if(isset($cart['chair_07'])): ?>
            <p>追加済み</p>
            <?php else: ?>
            <input type="submit" value="カートに入れる">
            <?php endif; ?>
          </td>
        </tr>
      </form>
    </table>
  </body>
</html>
```

「カートに入れる」ボタンの飛び先は同じページ（shop.php）です❷。一度決定した個数を変更するのは cart.php のページで行うようにします❶。商品のセレクトボックスを for 文を使って組みましょう❸。option の value は実際に渡される値、`<option></option>` の間は表示される値です。この場合どちらも $i を出力します。$cart['desk_01'] は商品をカートに入れた場合に存在するキーなので、今回はこのキーを isset( ) でチェックして商品を追加済みかどうか判定しています❹。これで HTML の部分は完了です。

次は「カートに入れる」ボタンを押した後の、商品追加の機能を作成していきましょう。

カートに商品を追加する

POST データの受け取りやセッションへの商品データの格納方法を確認しましょう。以下のようにコードを追加します。

CODE shop.php

```php
<?php
session_start();
//POSTデータをカート用のセッションに保存
if($_SERVER['REQUEST_METHOD'] === 'POST'){
    $product = $_POST['product'];         // ❶ POSTデータの取得
    $num = $_POST['num'];
    $_SESSION['cart'][$product] = $num;   // ❷ セッションにデータを格納
}

$cart = array();
if(isset($_SESSION['cart'])){
    $cart = $_SESSION['cart'];            // ❸ 最新のカートデータを取得
}
var_dump($cart);
?>
<html>
```

POST データとして $product と $num の2つが渡されていますので取得しておきます❶。$_SESSION['cart'][$product] = $num のタイミングで $_SESSION['cart']['desk_01'] などのキーが新たにでき上がり、個数が値として格納されます❷。実はこの一行こそがカートシステムの根幹ともいえる部分です。セッションに値を格納した後で $cart にセッションの配列データを入れておきます❸。これで shop.php のほうは完成です。

カートの中身一覧画面を作る

カートのデータを取得し表示する

CODE cart.php

```php
<?php
session_start();
$cart = array();
if(isset($_SESSION['cart'])){
    $cart = $_SESSION['cart'];          // ❶ カートデータを取得する
}
var_dump($_SESSION);
?>
<html>
<body>
<h1>ショッピングカート</h1>
<p><a href="shop.php">商品一覧へ</a></p>
<p><a href="delete.php">カートをすべて空に</a></p>
<table style="text-align:center">
    <tr><th>商品</th><th>個数</th><th>数量</th><th>変更ボタン</th><th>削除ボタン</th></tr>
    <?php foreach($cart as $key => $var):?>
    <tr>
    <td>
    <?php
    switch($key){                       // ❷ 商品IDを商品名に変更する
        case 'desk_01':
        echo '業務用デスク';
        break;
        case 'chair_07':
        echo '快適いす';
        break;
    }
    ?>
    </td>
    <td><?php echo $var?>個</td>
    <form action="" method="post">
    <td>
            <select name="num">
            <?php for($i = 1; $i < 10; $i++):?>
            <option value="<?php echo $i;?>"><?php echo $i;?></option>
            <?php endfor; ?>
            </select>
    </td>
    <td>                                 <!-- ❸ 変更ボタンの合図をhiddenで設定する -->
        <input type="hidden" name="kind" value="change">
        <input type="hidden" name="product" value="<?php echo $key?>">
        <input type="submit" value="変更">
```

ショッピングカートを作る

```html
        </td>
    </form>
    <form action="" method="post">
    <td>
        <input type="hidden" name="kind" value="delete">
        <input type="hidden" name="product" value="<?php echo $key?>">
        <input type="submit" value="削除">
    </td>
    </form>
    </tr>
    <?php endforeach; ?>
</table>
</body>
</html>
```

❹ 削除ボタンの合図をhiddenで設定する

cart.php ではまずカートデータの取得を行います❶。セッションデータに $_SESSION['cart'] が存在していないこともあるので、取得用の変数 $cart を配列として初期化したのち、isset($_SESSION['cart']) でキーの存在を確認しています。

カートデータには商品 ID をキー、個数を値とした配列が格納されています。通常、商品 ID はデータベースへの挿入用の値として使用されますが、今回は switch( ) を使って正式な商品名を表示させています❷。実際には商品名もデータベースに登録しておいて、そこからデータを引っ張ってくるのが一般的です。今回は <form> が複数あるので、hidden を使って、処理の内容（変更か削除か）と商品 ID を渡しておきましょう❸❹。

商品数の変更、削除の仕組みを作る

hidden で kind と名付けた値を取得し、その後の処理を分岐させる仕組みを作りましょう。以下のようにコードを追加します。

CODE cart.php

```php
$cart = array();
if($_SERVER['REQUEST_METHOD'] === 'POST'){
    $product = $_POST['product'];
    $kind = $_POST['kind'];

    if($kind === 'change'){
        $num = $_POST['num'];
        $_SESSION['cart'][$product] = $num;
    }elseif($kind === 'delete'){
        unset($_SESSION['cart'][$product]);
    }

}

if(isset($_SESSION['cart'])){
```

❶ どのボタンを押したか判定する
❷ 個数を上書きする
❸ 商品を1件削除する

$kind には各種ボタンの役割（change か delete か）が格納されます。まず if 文でそれぞれの処理を分岐させましょう❶。変更ボタンを押した場合は、単純に既存のキーの値を上書きします❷。削除ボタンでは unset( ) でキー自体を削除してしまいます❸。

カートの中身を一括削除する

カート削除後すぐに元のページへ戻る

12章の2で作成したsession_delete.phpの後半部分を書き換えましょう。

CODE delete.php

```php
<?php
session_start();
$session_name = session_name();
$_SESSION = array();

if (isset($_COOKIE[$session_name])){
    setcookie($session_name, '', time() - 3600);
}

session_destroy();
header('Location: cart.php');   ← ❶ 元のページを戻る
exit;                            ← ❷ プログラムを終了する
```

　header( )では「Location: 」の後ろにurlを指定することで強制的にページをジャンプさせることができます❶。その後のプログラムが実行されないように、通例exitを付けて処理を明示的に終了させます❷。このような処理のことを「リダイレクト」といいます。

完成コードを確認する

コードを読んで流れを把握する

　今回の課題は、セッションの仕組みを理解した上で制作することでした。特に、カートに商品を入れる仕組みをもう一度確認しておきましょう。コード内のvar_dump( )はデバグ用なので削除しておきます。

CODE shop.php

```php
<?php
session_start();

if($_SERVER['REQUEST_METHOD'] === 'POST'){       ┐
    $product = $_POST['product'];                │ フォームのデータを取得し、
    $num = $_POST['num'];                        │ セッションに格納
    $_SESSION['cart'][$product] = $num;          │
}                                                 ┘

$cart = array();
if(isset($_SESSION['cart'])){
$cart = $_SESSION['cart'];
```

```php
}
?>
<html>
<body>
<h1>商品一覧</h1>
<a href="cart.php">カートを見る</a>
<table style="text-align:center">
    <tr><th>商品</th><th>数量</th><th>ボタン</th></tr>
    <form action="" method="post">
    <tr>
        <td>業務用デスク</td>
        <td>
            <select name="num">
            <?php for($i = 1; $i < 10; $i++):?>
            <option value="<?php echo $i;?>"><?php echo $i;?></option>
            <?php endfor; ?>
            </select>
        </td>
        <td>
            <input type="hidden" name="product" value="desk_01">
            <?php if(isset($cart['desk_01'])):?>
            <p>追加済み</p>
            <?php else: ?>
            <input type="submit" value="カートに入れる">
            <?php endif;?>
        </td>
    </tr>
    </form>
    <form action="" method="post">
    <tr>
        <td>快適いす</td>
        <td>
            <select name="num">
            <?php for($i = 1; $i < 10; $i++):?>
            <option value="<?php echo $i;?>"><?php echo $i;?></option>
            <?php endfor; ?>
            </select>
        </td>
        <td>
            <input type="hidden" name="product" value="chair_07">
            <?php if(isset($cart['chair_07'])): ?>
            <p>追加済み</p>
            <?php else: ?>
            <input type="submit" value="カートに入れる">
            <?php endif; ?>
        </td>
    </tr>
    </form>
</table>
</body>
</html>
```

- フォームのデータを取得し、セッションに格納
- 各商品のフォーム
- カートに追加済みか判定
- 各商品のフォーム
- カートに追加済みか判定

カートに商品を入れるという仕組みは、$_SESSION['cart'][商品ID]に商品数を代入することによって実現しましたね。すでに商品が追加済みかどうかはこちらのIDにisset()判定をすることによって調べました。

　次は、cart.phpです。こちらでは商品数の変更や削除の仕組みを作りました。

CODE cart.php

```php
<?php

session_start();

$cart = array();

//POSTが行われたら
if($_SERVER['REQUEST_METHOD'] === 'POST'){
    $product = $_POST['product'];
    $kind = $_POST['kind'];
    
    if($kind === 'change'){//変更ボタンが押された場合
        $num = $_POST['num'];
        $_SESSION['cart'][$product] = $num;
    }elseif($kind === 'delete'){//削除ボタンが押された場合
        unset($_SESSION['cart'][$product]);
    }
    
}
//セッションデータを変数に格納
if(isset($_SESSION['cart'])){
    $cart = $_SESSION['cart'];
}

?>
<!DOCTYPE html>
<html lang="ja">
<head>
    <meta charset="UTF-8">
    <title>ショッピングカート</title>
</head>
<body>

<h1>ショッピングカート</h1>
<p><a href="shop.php">商品一覧へ</a></p>
<p><a href="delete.php">カートをすべて空に</a></p>
<table style="text-align:center">
    <tr><th>商品</th><th>個数</th><th>数量</th><th>変更ボタン</th><th>削除ボタン</th></tr>
    <?php foreach($cart as $key => $var):?>
    <tr>
    <td>
    <?php
    switch($key){//商品IDを商品名に変換
        case 'desk_01':
```

ボタンの種類による分岐

```html
            echo '業務用デスク';
            break;
        case 'chair_07':
            echo '快適いす';
            break;
    }
    ?>
    </td>
    <td><?php echo $var?>個</td>
    <form action="" method="post">
    <td>
            <select name="num">
            <?php for($i = 1; $i < 10; $i++):?>
            <option value="<?php echo $i;?>"><?php echo $i;?></option>
            <?php endfor; ?>
            </select>
    </td>
    <td>
        <input type="hidden" name="kind" value="change">
        <input type="hidden" name="product" value="<?php echo $key?>">
        <input type="submit" value="変更">
    </td>
    </form>
    <form action="" method="post">
    <td>
        <input type="hidden" name="kind" value="delete">
        <input type="hidden" name="product" value="<?php echo $key?>">
        <input type="submit" value="削除">
    </td>
    </form>
    </tr>

    <?php endforeach; ?>
</table>
</body>
</html>
```

※ 変更ボタンのフォーム
※ 削除ボタンのフォーム

　$_POST['kind'] で商品の変更なのか、削除なのかのデータを渡して処理を分岐させました。カートの中身を変更した後に、あらためてセッションからカート情報を取得する必要がありましたね。

　表示部分では、商品 ID ではわかりにくいので switch を使って商品名に直しています。なお、実際のカートの仕組みでは商品情報はデータベースに保存するので、こちらは簡易な方法による仕組みといえます。データベースと組み合わせたカートシステムを自身で作ってみると楽しそうですね。自身で課題を見つけて挑戦することでスキルアップすることができます。制作中に気づいた追加の必要機能などがあれば、ぜひとも自身で作って付け足していってください。

Part3 実務編

第 13 章

ログイン認証

これまでに習ってきたことを生かして、最後はログイン認証のシステムを組んでいきましょう。IDとパスワードを打ち込み、会員だけが入れるページを組むというおなじみの機能です。初心者の方には難しく考えられがちですが、実は簡単な構成で実現することができます。本番の開発のことも踏まえて、ファイルを関数、コントローラ、ビューなどに分け、それぞれのコードの役割分担をはっきりとさせていきましょう。

13：ログイン認証

01 　実習 ログイン認証の仕組みを理解する

あこがれのログイン認証の機能がいよいよ作れるんですね！ 早速プログラミングしていきたいです

気持ちはわかる！ しかし、今回はその前に制作の段取りを決めていこう。そのほうがスムーズにプログラミングできるんだ

要件定義をする

　ここからは実際の業務の流れに沿って制作していきましょう。非常に簡易な方法ではありますが実際の制作の流れを体験していただけます。システムを作る時、要件定義書というものを書きます。これは、発注者の要望を記録しておくものです。後で、トラブルのないよう、書類で残しておくのです。今回はログイン機能だけを作るので以下のようになります。

業務用件

- **Email とパスワードを入力して会員登録できる。**
- **ログイン後は他の会員の名前を閲覧できる。**
- **同じ Email で再度登録することはできない。**

　この他、実際の定義書には**運用要件**というものもあり、「データは毎日バックアップし、1年間分保管する」など実際の運用者用の決まりを書き記したりもします。

設計を決める

画面をイメージする

　設計というと建物か何かのようです。まさに、Web システムも同じような考え方をするのです。しっかりとした基礎を作ればその上にのせるサービスも安定したものになります。まずは、どんな画面が必要か考えていきましょう。以下のように、会員登録画面、ログイン画面、ログイン後の会員専用画面が最低限必要です。

会員登録画面

新規ユーザー登録

お名前：渡辺太郎
メールアドレス：sample@sample.com
パスワード：********
登録する

ログイン画面

ログイン

メールアドレス：sample@sample.com
パスワード：********
ログイン
新規登録

会員専用画面

こんにちは渡辺太郎さん。 Email:sample@sample.com) ログアウト

会員専用ページ

こちらはログイン後の画面です

会員一覧

- 渡辺太郎
- 小林花子
- 阿部次郎
- 高橋ゆう子

テーブルの構造を決める

「members」という名前のテーブルを新たに「sample」データベースの中に作成しましょう。テーブルは以下のような構造になります。

	名前	データ型	長さ	その他
カラム1	id	INT	5	インデックス：PRIMARY を選択、A_I：チェックを入れる
カラム2	name	VARCHAR	50	-
カラム3	email	VARCHAR	200	-
カラム4	password	VARCHAR	255	-
カラム5	created	DATETIME	-	-

今回初めてパスワードの登録用カラムを作ります。実は、パスワードはデータベースが攻撃されたことを想定して、そのままの形でデータ挿入するのではなく変化させるので、長さを255文字ほどに設定しておく必要があります。

ログイン認証の流れを考える

簡単なログイン認証の仕組みと流れは以下のようになります。

①会員登録時は、すでにメールアドレスが登録されていないか調べる必要があります。つまり、データ挿入前にデータベースからデータを引き出して調べるバリデーションが必要になります。
②セキュリティ面では登録時からパスワードの扱いに注意を払う必要があります。入力されたパス

ワードを暗号化してからデータ挿入します。
③ログイン画面からはメールアドレスとパスワードの入力後、メールアドレスが登録されているか、パスワードは一致しているかを確認します。
④メールアドレスとパスワードが一致したら、セッションに本人のデータを格納します。
⑤セッションが存在する場合、ログイン中であると判断して会員専用画面のアクセスを許可します。ログインしていない場合はheader( )関数でログインページに飛ばしてしまいます。

ファイル構成を確認する

最後にファイル構成を確認しましょう。ファイルごとの役割分担をはっきりさせて効率よく書きます。以下のような構成になります。

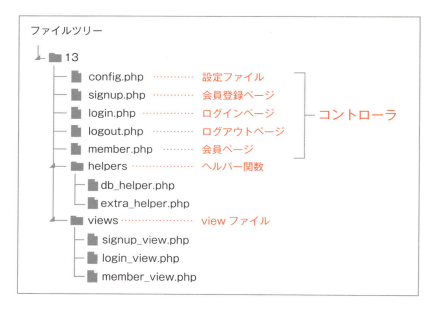

config.phpにはWebサービスに関わる設定だけを書きます。こうすることで、データベースやドメインを変更した時に1カ所だけ書き直せばすべてのファイルに反映させられるようになります。helperというワードが出てきますが、これは関数ファイルのことです。実際の制作では、関数ファイルを1つのfunctions.phpにまとめることはなく、役割ごとに細分化していきます。今回はデータベース関連をdb_helper.phpに、それ以外の機能をextra_helper.phpに書き込んでいきましょう。

HTML関連はもちろんviewファイルとして管理します。ログアウトした時は、強制的にログインページに飛びますので必要なのは会員登録ページ、ログインページ、メンバー専用ページの3つになります。処理の流れを書き込むファイルのことをコントローラと呼びましたが、コントローラとビューの対応が明確になっていたほうがわかりやすいですね。コントローラであるmember.phpのビューファイルはmember_view.phpにするなど、名前をそろえておくとよいでしょう。ここまでで最終課題制作の準備は完了しました。次節から制作に移っていきましょう。

13：ログイン認証

02 実習 設定ファイルや関数ファイルを用意する

設定ファイルだけ別個に用意するんですね

後で修正するかもしれないから、修正箇所をなるべく少なくしておきたいんだ

設定ファイルを作る

変更の可能性のある値を define( ) する

設定ファイルで設定した値は他のすべてのファイルに反映されます。これにより、後から修正ファイルが必要になった時、非常に効率的に変更することができるようになります。今回は以下のような値を設定します。

CODE config.php

```php
<?php

define('DSN', 'mysql:dbname=sample;host=localhost;charset=utf8');
define('DB_USER', 'root');
define('DB_PASSWORD', '');
define('SITE_URL', 'http://localhost/practice/13/');

error_reporting(E_ALL & ~E_NOTICE);
session_set_cookie_params(1440, '/');
```

❶ DSNという定数に値を設定する
❷ E_NOTICE以外のエラーをすべて出力する
❸ セッションの設定をする

変数にはスコープといって、参照できる範囲に制限がありました。これでは後に変更の可能性がある値が複数のファイルに書かれている場合、修正が大変です。define（ディファイン）を使って定数として定義しておくことによって、すべてのファイルで同じ値を参照できるようになります❶。例えば一度定義した「DSN」は文字列として扱うのではなく、echo DSN といった形でシングルクォーテーションなしで使用します。
　error_reporting( )ではエラーの出力をコントロールできます❷。開発時はすべてのエラーを出力しておいて、公開時には error_reporting(0) としてエラーを出力しないといった設定が可能です。session_set_cookie_params( ) は第1引数がセッションの有効期限、第2引数が有効範囲です❸。「/」としておけば全範囲でセッションが有効になります。

役割ごとに関数ファイルを作る

実際の Web サービスでは何十という関数ファイルが読み込まれます。今回はデータベース関連

だけは別ファイルに分けておきましょう。11章で作成した functions.php を、関数の役割に応じて2つのファイルに分けましょう。ファイルは helpers というディレクトリを作り、その中に入れておきましょう。

CODE db_helper.php

```php
<?php

function get_db_connect() {
try{
    $dsn = DSN;
    $user = DB_USER;
    $password = DB_PASSWORD;

    $dbh = new PDO($dsn, $user, $password);
}catch (PDOException $e){
   echo($e->getMessage());
   die();
}
$dbh->setAttribute(PDO::ATTR_ERRMODE, PDO::ERRMODE_EXCEPTION);
return $dbh;
}
```

CODE extra_helper.php

```php
<?php

function html_escape($word){
    return htmlspecialchars($word, ENT_QUOTES, 'UTF-8');
}

function get_post($key){
    if(isset($_POST[$key])){
        $var = trim($_POST[$key]);
        return $var;
    }
}

function check_words($word, $length) {

    if(mb_strlen($word) === 0){
        return FALSE;
    }elseif(mb_strlen($word) > $length){
        return FALSE;
    }else{
        return TRUE;
    }
}
```

今後新しい関数が必要になったらそれぞれのファイルに追加していきましょう。

13：ログイン認証

03　実習　会員登録の仕組みを作る

会員登録で重要なことが何か覚えているかな？

メールアドレスを重複させない、パスワードは暗号化する、でしたよね！

制作の流れを確認する

今回制作するファイル

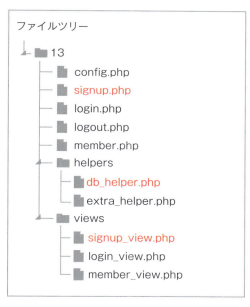

- **signup.php** POSTデータを取得し、バリデーション、登録までの処理を行います
- **signup_view.php** 会員登録画面です。入力値のエラーも出力します。
- **db_helper.php** メールアドレスのバリデーションやデータ挿入の機能を作ります。

実行画面

新規ユーザー登録

お名前：　　　　　　　　お名前欄は必須、50文字以内です
メールアドレス：　　　　　　　　メールアドレスの形式が正しくないです
パスワード：　　　　　　　　パスワードは必須、50文字以内です
登録する

入力値に問題があった場合、上記のようにエラー表示が出るようにします。登録に成功した場合はログイン画面に飛ばします。

必要ファイルを準備する

コントローラである signup.php を用意する

まずは、必要ファイルを用意し、これから関数を作るところはコメントで手順を書いておきましょう。

CODE signup.php

```php
<?php

require_once('config.php');                      // ❶ 必要ファイルを読み込む
require_once('helpers/db_helper.php');
require_once('helpers/extra_helper.php');

if ($_SERVER['REQUEST_METHOD'] === 'POST') {
    $name = get_post('name');
    $email = get_post('email');
    $password = get_post('password');

    $dbh = get_db_connect();                     // ❷ データベース接続
    $errs = array();
    //入力値のバリデーション
    //エラーがなければデータを挿入
}

include_once('views/signup_view.php');           // ❸ ビューファイルの読み込み
```

必要ファイルを先に読み込みましょう❶。これにより、以降定数と関数が使用できるようになります。次にビューファイルです。

ビューファイルを用意する

入力フォームを作ります。こちらはコーダーの方が修正するファイルになります。

CODE signup_view.php

```html
<!DOCTYPE html>
<html lang="ja">
<head>
    <meta charset="UTF-8">
    <title>新規ユーザー登録</title>
</head>
<body>
<h1>新規ユーザー登録</h1>
<form action="signup.php" method="POST">
<p>お名前：<input type="text" name="name"> <?php if(isset($errs['name'])){echo $errs['name'];} ?></p>
<p>メールアドレス：<input type="text" name="email"> <?php if(isset($errs['email'])){echo $errs['email'];} ?></p>
<p>パスワード：<input type="password" name="password"> <?php if(isset($errs['password'])){echo $errs['password'];} ?></p>
</table>
<p><input type="submit" value="登録する"></p>
</form>
</body>
</html>
```

デザインは極力排除してシンプルな HTML で構成しました。

$errs は POST の場合にのみ変数が初期化されるので、echo の前に isset() で変数がセットされているか確認しています。

関数を作り、コントローラを完成させる

メールアドレスの重複を調べる関数

入力するメールアドレスが何件存在しているか調べます。取得する値は 0 か 1 なので、カウント後の値が 0 より大きければ TRUE を返しましょう。

CODE db_helper.php

```php
function email_exists($dbh, $email) {

    $sql = "SELECT COUNT(id) FROM members WHERE email = :email";
    $stmt = $dbh->prepare($sql);
    $stmt->bindValue(':email', $email, PDO::PARAM_STR);
    $stmt->execute();
    $count = $stmt->fetch(PDO::FETCH_ASSOC);      ❶ 結果を配列で取得する
    if($count['COUNT(id)'] > 0 ){                  ❷ 件数を判定する
        return TRUE;
    }else{
        return FALSE;
    }
}
```

COUNT(id) を取得しましょう❷。PDO では $stmt->rowCount( ) というコードを使うことで行数を取得できますが、こちらのコードはすべてのデータベースでの振る舞いが保証されているわけではありません。したがって、しっかりと行数をカウントする SQL 文を作り、メールアドレスが登録済みかどうかチェックする必要があります。

入力データを挿入する関数を作る

データベースへの挿入前にパスワードは暗号化しておきましょう。

CODE db_helper.php

```php
function insert_member_data($dbh, $name, $email, $password){

    $password = password_hash($password, PASSWORD_DEFAULT);
    $date = date('Y-m-d H:i:s');
    $sql = "INSERT INTO members (name, email, password, created) VALUES (:name,
:email, :password, '{$date}')";
    $stmt = $dbh->prepare($sql);
    $stmt->bindValue(':name', $name, PDO::PARAM_STR);
    $stmt->bindValue(':email', $email, PDO::PARAM_STR);
    $stmt->bindValue(':password', $password, PDO::PARAM_STR);
    if($stmt->execute()){
        return TRUE;
    }else{
        return FALSE;
    }
}
```

❶ パスワードを暗号化する

password_hash( ) は PHP のほうで用意された暗号化用の組み込み関数です❶。ちなみに password_verify( ) を使えば、暗号化後のパスワードと入力したパスワードが一致するか確認できます。

> **ATTENTION** パスワードを乱数化するのに sha1( ) や md5( ) を使用する例が散見されますが、昨今のコンピュータでは簡単に解読できてしまうため、これらのコードを使用するのは危険です。password_hash($password, PASSWORD_DEFAULT) では 2018 年 1 月現在考えられる最新の安全な暗号を 60 文字で返してきます。今後文字数が増える場合があるので、マニュアルではカラムの文字数を 255 文字ほどに設定するように指示されています。

バリデーション機能を作る

入力値を検証するコードを signup.php に追加しましょう。

CODE signup.php

```php
    $errs = array();

    if (!check_words($name, 50)) {
        $errs['name'] = 'お名前欄は必須、50文字以内です';
    }
```

❶ エラー文を代入する

```
        if (!filter_var($email, FILTER_VALIDATE_EMAIL)) {
            $errs['email'] = 'メールアドレスの形式が正しくないです';
        } elseif (email_exists($dbh, $email)) {
            $errs['email'] = 'このメールアドレスはすでに登録されています';
        } elseif (!check_words($email, 100)) {
            $errs['email'] = 'メールアドレスは必須、100文字以内です';
        }

        if (!check_words($password, 50)) {
            $errs['password'] = 'パスワードは必須、50文字以内です';
        }
```

❷ メールアドレスの形式が正しいか確認する
❸ 重複を確認する

　今回エラー文は input ごとに別々に表示します。$errs にキー名を設定して、エラーがあった場合に代入します❶。filter_var($email, FILTER_VALIDATE_EMAIL) は組み込み関数です❷。メールアドレスの形式に一致しなかった場合 FALSE が返ってきます。email_exists() は今回のために作成した自作の関数です❸。

> MEMO　filter_var($email, FILTER_VALIDATE_EMAIL) は便利ですが、2009 年ごろまで DoCoMo の携帯電話で取得できた、ドメイン直前にドットを入れたり、ドットを連続して使用したりするメールアドレスには対応していません。それらのメールアドレスにも対応させる場合は、正規表現を使って独自に検証する必要があります。

データを挿入する

　最後に、データの挿入コードを追加しましょう。

CODE signup.php

```
        $errs['password'] = 'パスワードは必須、50文字以内です';
    }
    if (empty($errs)) {
        if(insert_member_data($dbh, $name, $email, $password)){
            header('Location: '.SITE_URL.'login.php');
            exit;
        }
        $errs['password'] = '登録に失敗しました。';
    }
}

include_once('views/signup_view.php');
```

❶ データを挿入
❷ ログイン画面へ移動

　自作した関数を使ってデータを挿入します❶。このまま同じ画面にとどまるのは不親切なのでログイン画面に遷移させましょう❷。この段階で、一度、動作を確認してみます。signup.php にアクセスして1件入力してみてください。

パスワード欄が乱数になっていることがわかります。このようにパスワード管理などで文字列を乱数化させることを「**ハッシュ化**」するといいます。他にも何件か登録しておきましょう。あえてメール欄にメールアドレスでないものを入力するなどしてバリデーションが効いているかも試してみるとよいです。

完成コードを確認する

コードを読んで流れを把握する

signup.php の処理の流れが完成しました。バリデーションもしっかりと組みましたね。確認してみましょう。

CODE signup.php

```php
<?php

require_once('config.php');
require_once('helpers/db_helper.php');
require_once('helpers/extra_helper.php');

session_start();

if ($_SERVER['REQUEST_METHOD'] === 'POST') {
    $name = get_post('name');
    $email = get_post('email');
    $password = get_post('password');

    $dbh = get_db_connect();
    $errs = array();
    //入力値のバリデーション
    if (!check_words($name, 50)) {
        $errs['name'] = 'お名前欄は必須、50文字以内です';
    }

    if (!filter_var($email, FILTER_VALIDATE_EMAIL)) {
        $errs['email'] = 'メールアドレスの形式が正しくないです';
    } elseif (email_exists($dbh, $email)) {
        $errs['email'] = 'このメールアドレスはすでに登録されています';
    } elseif (!check_words($email, 100)) {
        $errs['email'] = 'メールアドレスは必須、100文字以内です';
    }

    if (!check_words($password, 50)) {
        $errs['password'] = 'パスワードは必須、50文字以内です';
    }
    //エラーが無ければデータを挿入
    if (empty($errs)) {
        if(insert_member_data($dbh, $name, $email, $password)){
            header('Location: '.SITE_URL.'login.php');
```

※ フォーム入力値のチェック

```
            exit;
        }
        $errs['password'] = '登録に失敗しました。';
    }
}

include_once('views/signup_view.php');
```

データベースへのデータ挿入

　POSTデータ取得後にバリデーション、問題がなければデータ挿入といった流れが関数を使用したことにより簡潔に把握できます。ファイルの読み込みやsession_start()などの下準備はもちろん最初にやっておく必要があります。

> **MEMO　もっと知りたい！会員登録の仕組み**
>
> 今回の会員登録システムでは登録後すぐにログイン画面に遷移し、ログインが可能になるようにしました。では、実際のWebサービスにおけるログイン認証では他にどのような処理を行っているのでしょうか。簡単によくある処理のヒントを紹介します。
>
> ・仮登録メールを送信し、メール内のアドレスをクリックすることで本登録が完了する
>
> この場合、「members」テーブルには追加で「activated」というカラムを用意しておき、メール認証が済んだ会員を「1」とするなどの方法をとります。セッションの仕組みを利用してアドレスの中に暗号を仕込み、クリック時にチェックするケースが一般的です。これにより、他人のメールアドレスで勝手にサイト登録するなどの違反を防ぐことができます。
>
> ・違反者にログインさせない仕組みを備える
>
> 「members」テーブルに「banned」「ban_reason」などのカラムを作り、掲示板に違反書き込みをした会員をログインできない仕組みを始めから作っておくこともできます。この場合、「banned」が「1」になった会員はログインができないよう分岐の処理を作る必要があります。
>
> ・会員のPCデータや活動状況を記録する
>
> 「members」テーブルに「last_ip」や「last_login」などのカラムを作り、直近のipアドレスやログイン日時などを記録しておくこともできます。
> このような記録をもとに、今後サービス内で使用するであろうデータを予想して会員登録、ログイン認証を作っていくことが大事です。Webサービスの制作では、あらかじめページ遷移の流れ、会員から集める必要データなどを洗い出しますので、何が必要を判断し、しっかりと要件定義をしておくことで後で修正に時間を取られることを防ぐことができます。

13：ログイン認証

04 実習 ログインの仕組みを作る

セッションを使ってどうやってログインの仕組みを作るのか興味深いです！

 実はログインの仕組み自体は驚くほど単純なんだよ。実際に作ってみよう

制作の流れを確認する

今回制作するファイル

- **login.php** メールアドレスとパスワードを確認し、ログインする仕組みを作ります。
- **login_view.php** 会員登録後に飛んでくる画面です。ログインボタンを備えます。
- **db_helper.php** 入力されたメールアドレスとパスワードがデータベース上のものと一致するかを調べる関数を作ります。

実行画面

メールアドレスとパスワードが一致しない時、その旨を表示します。

必要ファイルを準備する

コントローラである login.php を用意する

login.php は signup.php を少し修正するだけで完成します。signup.php の一部をコピーしてもかまいません。

CODE login.php

```php
<?php

require_once('config.php');
require_once('helpers/db_helper.php');
require_once('helpers/extra_helper.php');

session_start();

//すでにログイン済みだったらmember.phpへリダイレクト

if ($_SERVER['REQUEST_METHOD'] === 'POST') {

    $email = get_post('email');
    $password = get_post('password');

    $dbh = get_db_connect();
    $errs = array();

    if (!email_exists($dbh, $email)) {
        $errs['email'] = 'メールアドレスが登録されていません。';
    } elseif (!filter_var($email, FILTER_VALIDATE_EMAIL)) {
        $errs['email'] = 'メールアドレスの形式が正しくないです';
    } elseif (!check_words($email, 200)) {
        $errs['email'] = 'メール欄は必須、200文字以下で入力してください';
    }

    if (!check_words($password, 50)) {
        $errs['password'] = 'パスワードは必須、50文字以下で入力してください';
```

```
        }
        //メールアドレスとパスワードが一致するか検証する
    //ログインする
    }

    include_once('views/login_view.php');
```

これから制作していく場所にコメントを入れてあります。

ビューファイルを用意する

ログイン用のビューファイルも作成しておきましょう。

CODE login_view.php

```
<!DOCTYPE html>
<html lang="ja">
<head>
    <meta charset="UTF-8">
    <title>ログイン画面</title>
</head>
<body>
<h1>ログイン</h1>
<form action="login.php" method="POST">
<p>メールアドレス：<input type="text" name="email"> <?php if(isset($errs['email']))
{echo $errs['email'];} ?></p>
<p>パスワード：<input type="password" name="password"> <?php
if(isset($errs['password'])){echo $errs['password'];} ?></p>
<p><input type="submit" value="ログイン"></p>
<p><a href="signup.php">新規登録</a></p>
</form>
</body>
</html>
```

メールアドレスとパスワードだけでログインするシンプルな構成です。

関数を作り、コントローラを完成させる

メールアドレスとパスワードが一致するか調べる関数

db_helper.php に以下の関数を追加しましょう。メールアドレスとパスワードが一致した場合は、会員データを配列で返しています。

CODE db_helper.php

❶ メールアドレスが一致するデータを取得する

```
function select_member($dbh, $email, $password) {

    $sql = 'SELECT * FROM members WHERE email = :email LIMIT 1';
    $stmt = $dbh->prepare($sql);
    $stmt->bindValue(':email', $email, PDO::PARAM_STR);
```

```php
        $stmt->execute();
        if($stmt->rowCount() > 0 ){
            $data = $stmt->fetch(PDO::FETCH_ASSOC);
            if(password_verify($password, $data['password'])){    ← ❷ パスワードを検証する
                return $data;                          ← ❸ 会員データを返す
            }else{
                return FALSE;
            }
        return FALSE;
    }
}
```

　この関数では、まずメールアドレスの一致する会員データを引き出す SQL 文を作ります❶。同じメールアドレスは存在しないはずですが、「LIMIT 1」で1件取得することを明記しましょう。password_verify( ) を使って入力されたパスワードとデータベースに登録されたパスワードが一致するか調べます❷。第1引数は入力値、第2引数はすでにハッシュ化されてデータベースに登録されていたパスワードになります。一致した場合は TRUE が返ってきます。

バリデーションの追加

　バリデーションに自作した関数を使ったコードを追加しましょう。

`CODE` login.php

```php
    if (!check_words($password, 50)) {
        $errs['password'] = 'パスワードは必須、50文字以下で入力してください';
    } elseif (!$member = select_member($dbh, $email, $password)) {
        $errs['password'] = 'パスワードとメールアドレスが正しくありません';
    }
```

　これでパスワードの一致を確認できるようになりました。

ログイン機能を装備する

　ログインに関わる仕組みを作ります。バリデーション後のログインとログインしていた場合のリダイレクトです。以下のようにコードを追加しましょう。

`CODE` login.php

```php
session_start();

if (!empty($_SESSION['member'])) {                    ← ❶ ログインしていた場合
    header('Location: '.SITE_URL.'/member.php');
    exit;
}

if ($_SERVER['REQUEST_METHOD'] === 'POST') {
~途中コードは省略~
        $errs['password'] = 'パスワードとメールアドレスが正しくありません';
    }

    if (empty($errs)) {
```

```
            session_regenerate_id(true);                      ❷ セッションIDの変更
            $_SESSION['member'] = $member;                    ❸ ログイン
            header('Location: '.SITE_URL.'member.php');
            exit;
        }                                                     ❹ 会員ページへリダイレクト
    }
}

include_once('views/login_view.php');
```

まずはバリデーション後のコードから見ていきましょう。session_regenerate_id(true) はセッション ID を切り替えます❷。セッションがスタートしてからログインするまでの間にセッション ID が盗まれていた場合、ログイン後になりすましによる不正な操作が可能になってしまいます。<mark>したがってセッション ID はログインの直前に変えておく必要があるのです</mark>。肝心のログインの仕組みは、$_SESSION['member'] = $member; のたった一行です❸。

これ以降、$_SESSION['member'] が存在するかどうかを調べることで、ログイン状態を確認することができるようになります。ログインが終わったら会員ページへリダイレクトしましょう❹。ログインが済んだ後でログインページを訪れるのもおかしな挙動ですね。session_start( ) 直後でログイン済みのクライアントは会員ページへリダイレクトさせておきましょう❶。empty( ) を使って $_SESSION['member'] が空であるか調べます。以上でログインの仕組みは完成です。

> **MEMO** 調べる対象が $_SESSION['member'] だとすると、isset( ) では単に、$_SESSION['member'] が存在するかどうかを調べます。しかし、ログインに成功していれば会員データが配列として格納されているはずです。しっかりと中身を含んでいるかまで調べたいところです。
> empty( ) では $_SESSION['member'] が存在していて、かつ中身があるかどうかを調べることができます。empty( ) で TRUE が返るのは、変数やキーが存在しない場合、もしくは代入されている値が、空文字、0、NULL、FALSE、空の配列などの場合です。ログイン中なら、$_SESSION['member'] が存在し、なおかつ会員データを格納しているはずなので FALSE を返してくるはずです。

完成コードを確認する

コードを読んで流れを把握する

login.php の全体像をとらえましょう。データベースと連携したバリデーションの仕組みが印象的でしたね。

CODE login.php

```php
<?php

require_once('config.php');
require_once('helpers/db_helper.php');
require_once('helpers/extra_helper.php');
```

```php
session_start();
//ログイン済みだったらmember.phpへリダイレクト
if (!empty($_SESSION['member'])) {
    header('Location: '.SITE_URL.'/member.php');
    exit;
}

if ($_SERVER['REQUEST_METHOD'] === 'POST') {

    $email = get_post('email');
    $password = get_post('password');

    $dbh = get_db_connect();
    $errs = array();

    if (!email_exixts($dbh, $email)) {
        $errs['email'] = 'メールアドレスが登録されていません。';
    } elseif (!filter_var($email, FILTER_VALIDATE_EMAIL)) {
        $errs['email'] = 'メールアドレスの形式が正しくないです';
    } elseif (!check_words($email, 100)) {
        $errs['email'] = 'メール欄は必須、100文字以下で入力してください';
    }
    //メールアドレスとパスワードが一致するか検証する
    if (!check_words($password, 50)) {
        $errs['password'] = 'パスワードは必須、50文字以下で入力してください';
    } elseif (!$member = select_member($dbh, $email, $password)) {
        $errs['password'] = 'パスワードとメールアドレスが正しくありません';
    }
    //ログインする
    if (empty($errs)) {
        session_regenerate_id(true);
        $_SESSION['member'] = $member;
        header('Location: '.SITE_URL.'member.php');
        exit;
    }

}
include_once('views/login_view.php');
```

入力値をチェックする

セッションIDを変更してログイン

　まず、ログイン中かどうかを確認して、すでにログインしていた場合は会員画面へ飛ばしています。ログインボタンを押された場合は、メールアドレスがデータベース上に存在すること、メールアドレスとパスワードが一致するかどうかなどを判定します。

　バリデーションを通過した後は、一度セッション ID を変更しておくことが重要でした。大事なセキュリティ項目の1つといえます。セッションに会員データを格納したらログインは完了です。会員専用画面に飛ばしています。

13：ログイン認証

05　実習　会員専用ページを作る

ログイン中の会員だけが見られるページ、なんだかイメージが湧いてきました。自分で作れるような気がします。

ログインの仕組み作りの中でヒントがありましたね。もう一息です！

制作の流れを確認する

今回制作するファイル

- **member.php** ログイン済みか確認し、会員データを取得します。
- **logout.php** ログアウト後はログイン画面にリダイレクトさせます。
- **db_helper.php** 登録されている全会員データを取得する関数を作ります。
- **member_view.php** 自身のデータと会員一覧を表示します。

実行画面

こんにちは渡辺太郎さん。 Email:sample@sample.com ログアウト

会員専用ページ

こちらはログイン後の画面です

会員一覧

- 渡辺太郎
- 小林花子
- 阿部次郎
- 高橋ゆう子

会員アドレスの一覧が表示されるようにします。自身のデータはログイン時に取得し、$_SESSION に格納してあったものを使います。

ログイン中の会員だけのページを作る

コントローラである member.php を用意する

member.php では、会員登録済みの会員の名前も表示します。ひとまず、ログインしているかを確認する機能を付けましょう。

CODE member.php

```php
<?php

require_once('config.php');
require_once('helpers/db_helper.php');
require_once('helpers/extra_helper.php');

session_start();

if (empty($_SESSION['member'])) {          // ❶ ログイン中か確認する
    header('Location: '.SITE_URL.'login.php');
    exit;
}

$member = $_SESSION['member'];             // ❷ クライアントの会員データを取得する
$dbh = get_db_connect();
$members = array();
//全会員データを取得する

include_once('views/member_view.php');
```

ログイン状態の確認は empty( ) で行います❶。ログイン中ならクライアントの配列データを $member に取得しておきましょう。

全会員データを取得する関数を用意する

全会員データの取得は関数にしておきます。db_helper.php に以下の関数を追加します。

CODE db_helper.php

```php
function select_members($dbh) {

    $data = [];
    $sql = "SELECT name FROM members";         // ❶ 全会員のデータを取得する
    $stmt = $dbh->prepare($sql);
    $stmt->execute();
    while($row = $stmt->fetch(PDO::FETCH_ASSOC)){
        $data[] = $row;                         // ❷ 二次元配列として格納する
    }
    return $data;
}
```

全会員データを取得する SQL 文を作ります❶。複数の会員データは二次元配列として取得できるようにしておきます❷。

自作関数を使用する

select_members( ) をコントローラの中に加えましょう。

CODE member.php

```php
//全会員データを取得する
$members = select_members($dbh);              // ❶ 全会員のデータを取得する

include_once('views/member_view.php');
```

全会員データを $members に取得しておきます❶。後でわかりやすいように変数名を複数形にしておきましょう。

ビューファイルを作る

会員一覧リストを作る

会員専用ページのビューファイルにあたる、member_view.php を作りましょう。コードは以下の通りになります。

CODE member_view.php

```html
<!DOCTYPE html>
<html lang="ja">
<head>
    <meta charset="UTF-8">
    <title>会員専用ページ</title>
</head>
<body>
```

```
<p>こんにちは<?php echo html_escape($member['name']); ?>さん。
Email:<?php echo html_escape($member['email']); ?>) <a href="logout.php">ログアウト
</a></p>
<h1>会員専用ページ</h1>
<hr width="300px" align="left">
<p style="font-size:small">こちらはログイン後の画面です</p>
<h2>会員一覧</h2>
<ul>
<?php foreach($members as $member): ?>
<li><?php echo html_escape($member['name']); ?></li>
<?php endforeach; ?>
</body>
</html>
```

❶ 全会員データをforeachを使って出力

クライアント個人のデータと会員一覧が表示されるページになりました。

ログアウトの仕組みを用意する

ログアウトとリダイレクト

ログアウトの仕組みはおなじみのコードです。ログアウト後はlogin.phpにリダイレクトさせましょう。

CODE logout.php

```php
<?php

require_once('config.php');

session_start();

$session_name = session_name();
$_SESSION = array();

if (isset($_COOKIE[$session_name])) {
    setcookie($session_name, '', time() - 3600);
}

session_destroy();

header('Location: '.SITE_URL.'login.php');
```

完成コードを確認する

コードを読んで流れを把握する

member.phpはログイン後の処理の流れが書かれたものでした。自身のデータはセッションから取得、会員一覧はデータベースから取得しています。

CODE member.php

```php
<?php

require_once('config.php');
require_once('helpers/db_helper.php');
require_once('helpers/extra_helper.php');

session_start();

if (empty($_SESSION['member'])) {
    header('Location: '.SITE_URL.'login.php');
    exit;
}

$member = $_SESSION['member'];
$dbh = get_db_connetct();
$members = array();
//全会員データを取得する
$members = select_members($dbh);

include_once('views/member_view.php');
```

　member.phpは比較的シンプルな構成ですね。それもそのはず、ログイン後の仕組み作りはこれから行っていくものなのです。ログイン済みの会員にどのような機能を提供したいか、考えてみるのも面白いですよ。

　これで完成です！　最終課題は全部で10ファイル。本書で最も大型のシステムでした。実務の世界ではこれからテストというものをします。意図したバリデーションは効いているか、データの挿入は行われているか、などなどを検査し、不具合が出ている箇所は var_dump( ) などで原因箇所を突き止めていきます。ぜひとも動作のチェックをしてみてください。

 PHPマニュアルには session_regenerate_id( ) に関して以下のように書かれています。

バージョン 7.0.0
session_regenerate_id() saves old session data before closing.

session_regenerate_id( ) はクローズする前に古いセッションデータを残している、という意味です。セッションハイジャック対策をとる場合はクローズ時に古いセッションを削除する (true) のオプションを必ずつけるようにしましょう。

Part3 実務編

第 14 章

実務に必要な知識・技術

最後の章ではセキュリティ、レンタルサーバ、WordPress など今後 PHP に関わる上で切っても切り離せない重要事項を扱っていきます。セキュリティはそれぞれの章でも、その都度紹介してきましたが、オープン前に確認すべきチェック事項を押さえていきましょう。WordPress などのブログシステムは PHP からできていますが、プログラム部分の編集となるとデザインを中心にしてきた方には難しいところでしょう。今回は自作関数を作り、ブログに反映させる方法を見ていきます。

14：実務に必要な知識・技術

01 セキュリティ対策

最近はネットに関わる事故や事件が頻発してますよね。私なんかが作ってすぐオープンさせてしまって大丈夫なのでしょうか？

Webサービスの制作者が最低限守るべきセキュリティ事項を事前に確認しておく必要がありそうだね

これまでに登場したセキュリティ知識のまとめ

クロスサイトスクリプティング対策

クロスサイトスクリプティング（XSS）とは、入力フォームからJavaScriptなどを打ち込み、管理者の意図しないスクリプトを実行させることです。これはクライアントからの入力値の検証や、出力時のエスケープを怠ることにより生じる問題です。例えばブログのようなサービスで、フォームから悪意あるコードを書き込み、ユーザが閲覧した際にそのスクリプトが実行されてしまうことがあります。これを防ぐには、まずバリデーションを徹底することです。たとえラジオボタンやセレクトボックスであっても、値を変更できる限り油断できません。想定している入力値以外をエラーにするようバリデーションを作り込む必要があります。

もしも、バリデーションをくぐり抜けてしまった場合、防がなければならないのはスクリプトが出力されることです。==クライアントからの入力値は例外なくすべてhtmlspecialchars( )を通してから出力しましょう==。

SQLインジェクション対策

SQLインジェクションとは、管理者の意図しないSQL文を実行することにより、データベースから重要な情報を取得することです。2016年、茨城県の高校生が病院のサーバに不正侵入したとして逮捕されました。その時取られたハッキング手段がSQLインジェクションです。データベースの不正操作をすることで他人のクレジットカード情報を取得し、買い物をする目的だったということです。

実はSQL文は途中で命令を中止し、新たな命令文を書くことが可能です。これらの手法でWebサービスが意図しない命令を実行し、重要な情報を抜き出すことができてしまうのです。これらを実行させないために、PDOでは**プリペアドステートメント**が必要です。データベースを学習した7章では、SQL文の実行前に必ず $dbh->prepare($sql) としました。そして置き換えが必要な値はbindValue( )を使いました。このコードの裏側では、==違反コードを無害なものに変換する処理が行われています==。必ず使うようにしてください。

必ず知っておきたい項目

CSRF（クロスサイトリクエストフォージェリ）対策　送信ページ

　入門書としての便宜上これまで扱ってきませんでしたが、CSRFの対策方法をここで紹介します。CSRFとはサービス会員がログイン後に、悪意のある者が作ったリンクを踏み、自身のログイン状態を不正操作されて、意図しない処理を実行されてしまうことです。そのリンクというのも透明なリンクだったりするので、知らないうちにリンクをクリックしている可能性もあります。すぐにリダイレクトで元のサイトに戻り不正操作が始まるので、クライアントからしたら何が起きたかわかりません。

　こうなると、そもそも用意したフォームからリクエストがなされているのかすら疑わしくなってきます。それではせっかくバリデーションなど備えていても意味がありません。そこで、本当にフォームから送信ボタンを押したのかどうか確認するため通行証を発行するという発想でCSRFの対策を講じます。この通行証のことを**トークン**と呼びます。簡単なフォームを用意し、以下のような関数を使用します。

CODE send_token.php

```php
<?php

function set_token() {
    $token = sha1(uniqid(mt_rand(), true));   // ❶ トークンを作成する
    $_SESSION['token'] = $token;
    return $token;
}

session_start();
$token = set_token();   // ❷ セッションにトークンをセットする
?>

<html>
<body>
<h1>トークン送信用フォーム</h1>
<form action="check_token.php" method="post">
名前：<input type="text" name="name">
<input type="hidden" name="token" value="<?php echo $token;?>">   <!-- ❸ hiddenにトークンをセットする -->
<input type="submit">
</form>
</body>
</html>
```

　トークンを作りセットする関数set_token( )を見ていきましょう。sha1( )だけでも乱数は作れるのですが、暗号としては弱いといわれています。そこで、sha1(uniqid(mt_rand(), true))という、乱数を作るための定型句を使います❶。順序としてはmt_rand( )で乱数を作り、その乱数を作ってuniqidでマイクロ秒単位の現在時刻に基づいたIDを取得、さらにそのIDを元にしてsha1でハッシュ化する、といった流れになります。これにより、より強力な暗号が得られます。作

成した時点でセッションにセットしておきます❷。また、同時にフォームにも hidden として暗号を仕込んでおきます❸。

CSRF（クロスサイトリクエストフォージェリ）対策　受信ページ

次に受信ページを作りましょう。送信ページで仕込まれた暗号をチェックします。

CODE check_token.php

```php
<?php

function check_token($token) {        // ❶ トークンのチェックをする

    if (empty($_SESSION['token']) || ($_SESSION['token'] !== $token)) {

        echo "不正なPOSTが行われました！";
        exit;
    }
}

session_start();

$name = '';
$token = '';

if($_SERVER['REQUEST_METHOD'] === 'POST'){
$name = $_POST['name'];
$token = $_POST['token'];
}

check_token($token);
?>
<html>
<body>
<h1>トークン受信ページ</h1>
<p><?php echo $name;?>さん、トークンを確認しました。</p>
</body>
</html>
```

　トークンで確認することは2つです。まず、$_SESSION['token'] がセッションデータとして存在しているか、これを empty( ) で調べています❶。さらに、**hidden として仕込んでおいた暗号とセッションに格納してある暗号が一致しているかを検査します**。以上のチェックから、フォーム以外からの意図しないリクエストを遮断することができます。重要なデータの送受信ページには CSRF 対策を入れておくとよいでしょう。

　この他にもセキュリティ項目は非常にたくさんあります。詳しく確認したければ、情報処理推進機構（IPA）のほうで提供している「安全なウェブサイトの作り方」を参照してください。以下のアドレスから PDF がダウンロード可能です。

　https://www.ipa.go.jp/security/vuln/websecurity.html

　＊ 2018 年 1 月現在のアドレスです。

その他のチェック事項

バリデーションのエラー文にも配慮が必要

本書では学習用に簡易な方法で作られたコードが多々あります。例えば「そのメールアドレスは存在しません」というエラー文1つとっても、実はセキュリティ的に問題があります。個人がサイトに登録しているかどうかも個人情報であるととらえるべきです。

通信の盗聴と SSL

サーバとブラウザのデータのやり取りは盗聴することが可能です。そのため、データの通信にも注意を払う必要があります。データのやり取りを暗号化して盗聴できないようにすることができますが、これを SSL 化といいます。ホームページのアドレスが「https」で始まっていればその設定が行われています。2014 年、Google では検索結果で HTTPS のサイトを優遇する旨を発表しました。さくらのレンタルサーバなどでも簡単に設定が行えますので、オープン時には必ず設定してください。

パストラバーサル対策

パストラバーサルとは、入力フォームに相対パスを入力し、本来取得できない非公開ディレクトリの重要ファイルを取得する違反行為です。入力欄に、画像ファイル名や csv のファイル名などを直接打ち込ませる作りの時に発生するセキュリティホール（違反者が入り込む隙間）になります。クライアントが直接ファイル名を指定して閲覧やダウンロードする仕組みを作ってはいけません。

14：実務に必要な知識・技術

02 | レンタルサーバの利用

今までローカルでプログラミングを学んできましたが、実際の公開となるといまいちイメージがつかめません

それならレンタルサーバを使って公開するまでの流れを確認しておこうか

Web サーバを用意する

Web サーバを選ぶ

オープンに向けて必要なのは、24時間稼働が可能な Web サーバです。いくつかの選択肢を紹介します。

種類	説明
共有サーバ	安く簡単に始めることができます。複数のユーザでサーバを共有するため、メモリやCPU の不足などで表示速度が遅くなることもあります。また、管理者権限というサーバの構成を自由に変更できる権限を持てないので、好きなアプリケーションを自由にインストールすることができません。
専用サーバ	物理的にサーバを一台専有して使用できます。管理者権限を持ち、好きなようにサーバを構成できる他、他のユーザからの影響も受けません。しかし、ハイスペックな分、高価格帯になります。
クラウド	クラウドはユーザそれぞれに割り当てられる仮想サーバです。複数のコンピュータを1つのクラウド（雲）とみなし、その中に仮のサーバを作るため、CPU やメモリなどがあらかじめ割り当てられます。クラウドの大きな特徴は1時間ごとの料金体系で必要な時だけ拡張できるということです。テレビ等で Web サービスが紹介され、急なアクセスが見込まれる場合は、その時間帯だけサーバの性能を高めておくこともできます。こちらは使用料に応じて請求額が決まりますが、最低容量ならレンタルサーバより安くなることがあります。

今回は最も簡単に導入できるレンタルサーバについて紹介します。

レンタルサーバと契約する

ここではさくらレンタルサーバを例に説明します。レンタルサーバを契約すると以下のような情報がメールなどで送られてきます。PHP で学習した呼び方と若干違いがありますので差異を確認しておく必要があります。

契約サービスの接続情報

項目	説明
FTP サーバ名	登録したサイト ID.sakura.ne.jp
FTP アカウント	登録したユーザ名
FTP 初期フォルダ	www
サーバパスワード	さくらから渡されたパスワード
POP3(受信) サーバ	登録したサイト ID.sakura.ne.jp
SMTP(送信) サーバ	登録したサイト ID.sakura.ne.jp
データベースサーバ	自動的に割り当てられる ID.db.sakura.ne.jp
データベースユーザ名	登録したユーザ名
接続用パスワード	登録したデータベース用パスワード

　FTP サーバ名は、ドメイン名になります。公開フォルダの直下にファイルを置けば、http:// 登録したサイト ID.sakura.ne.jp/ アップロードしたファイル名 でアクセスすることが可能になります。コントロールパネルという契約者専用ページを使えば、ドメインを独自のものに変更することや、SSL を設定して https という URL に変更することもできます。コントロールパネルにログインするには契約時に登録したユーザパスワードが必要です。以下がコントロールパネルの画面になります。

　これまで制作したファイルで編集しなければならないのは、主にデータベースへの接続先情報です。本番サーバでは localhost とするのではなく、「データベースサーバ名」を指定します。ユーザも管理者権限は使用できませんので、root ではなく契約時に設定したユーザ名を、パスワードも接続データに入れてください。13 章の課題でいうと、config.php を以下のように直します。

CODE config.php

```
define('DSN', 'mysql:dbname=sample;host=データベースサーバ;charset=utf8');
define('DB_USER', 'データベースユーザ名');
define('DB_PASSWORD', '接続パスワード');
define('SITE_URL', 'http:// FTPサーバ名/practice/13/');
```

データベースを管理する

　データベースはさくらレンタルサービスを契約すると使えるようになる「コントロールパネル」からデータベースのログイン先がリンクされています。ログイン後は以下のように phpMyAdmin

が使用できます。最新のXAMPPと比べると多少画面が古臭く感じられるかもしれませんが機能としては十分に使用できます。

本番サーバにファイルをアップロードする

さくらのサーバコントロールパネルから「ファイルマネージャー」という機能を使えば、ファイルのアップロードは簡単にできますが、転送速度やセキュリティの問題から専用アプリの使用をおすすめします。Windowsでは無料の「WinSCP」が有名です。Macでは無料の「FileZilla」や、有料の「Yummy FTP」などが使われています。それでは、ファイル転送する場合の設定を、WinSCPを例にとって見ていきましょう。

WinSCPをダウンロードしてインストール後に起動すると、以下のような画面が現れます。

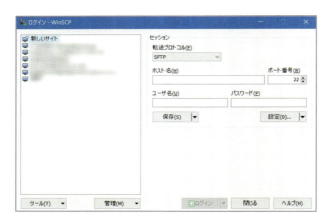

転送プロトコルは「SFTP」を選択します。**FTP**とはインターネット上でコンピュータ同士がファイル転送をする時に使われる通信上の約束ごとのことです。それをSSLで安全に行う方法をSFTPといいます。通信時の盗聴を防ぐ役割があります。

ホスト名にはFTPサーバ名を、ユーザ名にはFTPアカウントを設定してください。パスワードはサーバパスワードのことです。ポート番号は自動で決定されます。ログインすると以下のような画面になります。

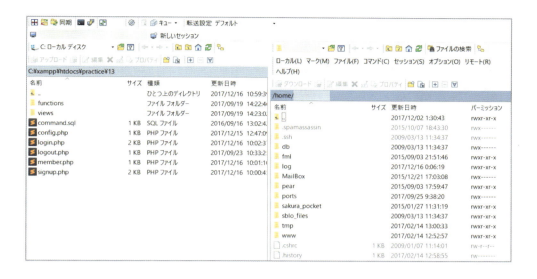

　左がローカルのディレクトリ、右が契約したWebサーバになります。「www」というディレクトリが公開ディレクトリになります。XAMPPでいうところの「htdocs」です。ドラッグ＆ドロップでファイルを転送できます。ただし、ローカル間でのファイルの移動やコピーより時間がかかるので、ファイル構成が大きくなるようなら圧縮してから転送したほうがいいでしょう。WinSCPでは追加の設定が必要になりますが、アップロードしてからzip解凍をすることも可能です。ちなみに、画像より1つ上の階層に行くと、他のユーザのディレクトリが100以上あるのが確認できます。レンタルサーバなので1つのWebサーバを共有しているのです。

> **POINT** 現在、「さくらレンタルサーバー」や「LOLIPOP!レンタルサーバー」ではPHP7.1に対応しています（2018年1月現在）。動作スピードやセキュリティの観点からもPHP7以上を使用することをおすすめします。

14：実務に必要な知識・技術

03 | WordPress の PHP を編集する

 今なら WordPress だって編集することができるよ。関数に焦点を当ててファイル編集にチャレンジしよう！

PHP 部分の編集は難しいイメージでしたが、すでに自分で編集できるところまで来ていたんですね

☐ WordPress をインストールする

　WordPress は PHP で作られたオープンソースの CMS（Contents Management System）です。無料で使用することができます。

　先に、WordPress 用のデータベースを作っておく必要があるので、phpMyAdmin から「wordpress」という名のデータベースを作成しておいてください。照合順序は「utf8_general_ci」に設定します。テーブルは作らず中身を空にしておいてください。

　以下のアドレスから WordPress の日本語サイトにアクセスし、最新版をダウンロードしてください。

https://ja.wordpress.org/
（2017 年 11 月現在）

　解凍後、「wordpress」というディレクトリをまるごと「htdocs」直下にコピーします。localhost/wordpress にアクセスしてみましょう。すると以下のような画面が現れます。

> **MEMO** せっかくなのでこの時何が起きているか確認しておきましょう。実はPHPではファイル名を入力しない時は自動的に index.php にアクセスします。「wordpress」直下の index.php からいくつかのファイルが読み込まれ、インストールが完了されていないことがわかると、「wordpress/wp-admin/set-up-config.php」にリダイレクトするようになっています。

「さあ、始めましょう！」をクリックすると以下のようなフォームが現れます。

　後は案内に沿ってフォームを入力していってください。データベースのパスワード設定をしていない場合は「空」のままで大丈夫です。テーブル接頭辞はデフォルトの「wp_」のままでよいでしょう。入力がすべて終わるとSQLが実行されデータベースにテーブルが作られます。ログインの案内が出るので管理画面にアクセスしてみてください。

子テーマを作る

子テーマ用のディレクトリを用意する

今回はWordPressの中での自作の関数作りに絞って見ていきます。WordPressはデザインテーマというものがあり、デフォルトで「twentyseventeen」というテーマが選ばれています（2018年1月現在）。今回はこのテーマを編集していきましょう。wordpress/wp-content/themesのディレクトリを確認すると「twentyseventeen」が存在しています。この中のfunctions.phpを編集すると、テーマが更新された際に、functions.phpも上書きされてしまいます。そこで、自身で編集する場合は「子テーマ」と呼ばれるものを作ります。

themesディレクトリの中に、「twentyseventeen-child」というディレクトリを新たに作ってください。そして、3枚のファイルを作成します。子テーマに必要なファイルと記述するべきコードはマニュアルからも確認が可能です。

https://wpdocs.osdn.jp/子テーマ

CSSファイルを作成する

必ず必要となるCSSファイルを作ります。

CODE style.css

```
/*
  Theme Name:     Twenty Seventeen Child
  Template:       twentyseventeen
*/
```

上記のようにコメントの形式で「テーマ詳細」を記述する必要があります。最低限必要な項目はTheme NameとTemplate名です。CSSは親ディレクトリのものを読み込ませるので他には何も記述しません。

関数ファイルを作成する

functions.phpを作ります。このファイルが読み込まれた後に、親ディレクトリの「twentyseventeen」にあるfunctions.phpが読み込まれます。

CODE functions.php

```php
<?php

add_action( 'wp_enqueue_scripts', 'theme_enqueue_styles' );
function theme_enqueue_styles() {
    wp_enqueue_style( 'parent-style', get_template_directory_uri() . '/style.css'
);
}
```

上記コードは必ず入れておくよう、マニュアルに案内があります。このファイルの中に自作関数を作っていきます。

編集したいデザインファイルをコピーする

「twentyseventeen」直下の sidebar.php をコピーして「twentyseventeen-child」直下に貼り付けましょう。このように編集したいファイルだけコピーすれば、子テーマディレクトリ内のファイルを優先的に読み込んでくれます。それ以外は親ディレクトリのファイルを利用します。

CODE sidebar.php

```
<?php
/**
 * The sidebar containing the main widget area
〜以下省略〜
```

子テーマを読み込む

管理画面から「外観」を選択すると自作の子テーマ「Twenty Seventeen Child」ができています。有効化させれば準備は完了です。

関数を作り、出力する

今回は単純に今日の日付とあいさつ文を出力する関数を作り、HTML 内で出力をしてみましょう。まずは、functions.php に以下の関数を加えます。

CODE functions.php

```
    wp_enqueue_style( 'parent-style', get_template_directory_uri() . '/style.css'
);
}

function hello_message(){
    $day = date('j');
    echo '<h1>こんにちは。今日は'.$day.'日です</h1>';
}
```

❶ 日付を取得する

hello_message( )と書くだけであいさつ文が表示されるようにしました。次にデザインファイルにこの関数を記述していきましょう。sidebar.php の上部に関数コードを追加します。

CODE sidebar.php

```php
<aside id="secondary" class="widget-area" role="complementary">
    <?php hello_message()?>
    <?php dynamic_sidebar( 'sidebar-1' ); ?>
</aside><!-- #secondary -->
```

これで関数が実行されてあいさつ文が表示されるはずです。画面左上の「サイト名」をクリックしてサイトを表示してみましょう。

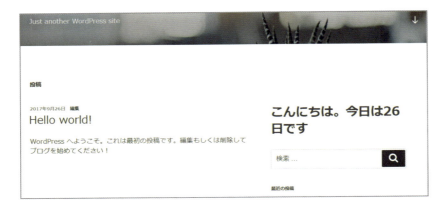

検索フォームの上に、あいさつ文が出力されれば成功です。今後、API などを学習すれば、お天気情報を取得して出力するなどいろいろなことができるようになります。さらに、興味があればWordPress のプラグイン制作にチャレンジしてみるのも面白いでしょう。WordPress のマニュアルでその作成方法を確認できます。

https://wpdocs.osdn.jp/ プラグインの作成

以上、WordPress の編集方法を見てきましたが、プログラムの作りはこれまで学習した基本と変わりはありません。まず、関数ファイルが読み込まれ、一連の処理が行われてから、デザインファイルが読み込まれます。データベースの作りなども参考になりますのでぜひともテーブル構成などを確認して学習材料に使ってみてください。

COLUMN　今後の勉強法

PHPをさらに学ぶ

　基礎教材を終えた方が迷うのは、多言語を学習するか、もっとPHPを掘り下げるかということです。もちろん業務ですぐ必要になるならJavaScriptなどの言語を学ぶとよいでしょう。しかし、入門書で学べるプログラミングはまだ浅瀬の部分にすぎません。現代のプログラミング理論は発展に発展を遂げ、より全体を見通しやすく修正しやすいコードの書き方が生まれ続けています。ぜひとも、さらに一歩踏み込んでPHPを学んでいただきたいです。

オブジェクト指向を学ぶ

　入門書で紹介できなかったPHPの理論に「オブジェクト指向」というものがあります。これは、変数と関数をまとめてさらに役割分担をはっきりさせた仕組みです。JavaScriptやRuby、Pythonといった言語もすべてオブジェクト指向でできています。PHPでオブジェクト指向まで学習すれば、多言語の習得もスムーズにいくはずです。せっかく学んだPHPなので、さらに一歩踏み込んでオブジェクト指向を習得してみるのはいかがでしょうか。オブジェクト指向は『独習PHP（翔泳社）』という書籍で詳しく扱われています。

フレームワークを学ぶ

　フレームワークとはWeb制作がしやすいように便利な仕組みをあらかじめ作ってある骨組みです。有名なものに「Laravel」や「CakePHP」があります。フレームワークを使えばすでに便利な関数が多く作られていますので、より高速に開発していくことが可能になります。さらにセキュリティ面もある程度自動で管理されています。

　ただし、問題はある程度の難易度を覚悟しなければならないということです。フレームワークは、プロのエンジニアが作った、知識や理論の結晶ですのでいきなり最新のフレームワークを学ぶのは得策とはいえません。おすすめの学習手順は「CodeIgniter」という今でも世界的に人気のフレームワークから入り、「Laravel」などの日本で人気のフレームワークを学習していくという流れです。「CodeIgniter」はネット上のマニュアルが非常にしっかり作られており、難易度もやさしめです。かつ、オブジェクト指向を学ぶよい練習にもなりますので、ぜひともチェックしてみることをおすすめします。

Webサービスを作ってみる

　まずは1つWebサービス、アプリを作ってみるのも1つの手です。簡単なログイン認証付きのSNSを作るのも面白いでしょう。フォロー機能などはどうやって作るのでしょうか。あれこれ考えて作っていく中で格段に成長できます。しっかりしたものを作りたいのなら「CodeIgniter」など学習コストの低いフレームワークを学んでおいて、初作品を制作していくのもよいでしょう。

オンラインスクールで学ぶ

　プログラミングを学べるスクールも増えてはきましたがコストや、カリキュラムの実用面でいうと満足できるものはまだまだ少ないようです。筆者は「オンラインチューター（https://online-tutor.jp）」というオンライン個別指導を運営し、個別授業やセミナーを通してさまざまな生徒さんを見てきました。本書はその経験をもとに、実際に生徒さんがつまずいた項目を網羅し、どうすればスムーズな理解ができるか考え抜いて構成しました。さらに、実用的なカリキュラムで着実に成長していくにはエンジニアの助けが必須になってくるでしょう。優秀な講師が在籍しておりますので、独学していて困ったらぜひともご相談ください。

> **COLUMN**
>
> ### Web サーバで使用される OS Linux
>
> 　今回、XAMPP やさくらサーバを使用した解説に絞ったので、Linux の知識は必要ありませんでした。しかし、実務となると、実際には Web サーバは Linux という OS で動いていることが多く、端末を使ってコマンドを打つことも多くなっていきます。これは、PHP と並行して学んでいってもいいくらい価値のあるものです。「VirtualBox」を使えば、何も新たなパソコンを買って Linux の OS を入れなくても、お手持ちのパソコンに仮想環境を用意することができます。最近は Web サーバを作る主旨の書籍も多く出ていますのでチャレンジしてみるのもよいでしょう。
>
> 　また、Linux のコマンドが使えるようになれば、**AWS（アマゾンウェブサービス）**などでクラウドを契約し、Web サーバを立ち上げることも可能になります。クラウドは必要な時だけメモリや CPU を拡張するなど柔軟に構築することができるので、Web サービスを運営していくのに大きな力になるでしょう。最近は Web サーバを立ち上げるためのマニュアルなどもしっかりしているので、Linux の勉強のために、一度クラウドで Web サーバを立ち上げてみるとエンジニアとしての成長につながります。
>
> **よくある質問**
>
> - サーバサイドのプログラミングを学習したいのですが、HTML/CSS の知識はどこまで必要ですか？
>
> 　HTML/CSS の基礎知識は1カ月もあれば身に付くので基本書籍の知識くらいはあったほうがよいでしょう。Web プログラミングはデザインと切っても切り離せない関係にあります。コーダーの方と連携をとるためにもある程度は並行して学習してください。
>
> - わからないことがあったり、バグが修正できないときはどうすればよいですか？
>
> 　まずはインターネットで検索することです。業務の中でもわからないことは逐一検索していくのでその能力を高めておくことも重要です。後は、質問できるエンジニアの先生を用意したり、「teratail」などの質問サイトを利用するのもよいでしょう。ただし、質問するにも最低限の調べは済ませておく、状況をなるべく詳細に書き込むなどマナーには配慮する必要があります。
>
> - エンジニアに就職、転職したいです。
>
> 　総合的な就活サイトはもちろん、「レバテック」など専門のサイトやエージェントを利用するのも１つの手です。おおよそ30歳未満であれば会社が初心者用の研修を用意しているケースも多いです。高額なスクールに通う前に募集記事を確認してみることをお奨めします。30代からは一般的に制作実績を求められます。個人として Web サービスを作る、クラウドソーシングで制作実績を作るなどしてから転職活動するのがよいでしょう。

APPENDIX

付録

システムの開発を進めていく上で欠かせないのが、バージョン管理をすることです。非常に大事な工程なのですが、PHPの教材で扱われていることが少なく、現場に入るまで知らなかったりすることが多いです。バージョン管理には「Git」というツールを使います。Gitを使うメリットがわかるようかいつまんで紹介します。今後の学習、制作のヒントにしていただければと思います。また、フレームワークやバグ修正などの実務的知識も確認しておきましょう。

APPENDIX：付録

01 | Git を使う

導入

Git、Sourcetree の概要

「Git（ギット）」はプログラムのソースコードの変更履歴を記録・追跡するためのバージョン管理システムです。できることは膨大にありますが、個人で作っていて途中からやり直したい場合に、一瞬である段階のコードに戻ることができたり、チームで制作する場合に共有ディレクトリを使って互いに変更したファイルを共有していくことができます。==すでに制作現場では必須のシステムとなっています。==

本来、コマンドプロンプト（ターミナル）からコマンドで動作させるものですが、ここでは学習用に「Sourcetree」を使って機能を確認していきます。Sourcetree は、Git の操作ができる無料のデスクトップアプリケーションです。GUI（画面での操作）が基本ですので、視覚化され、バージョン管理のイメージが湧きやすいのが特徴です。

Sourcetree のインストール

Sourcetree をインストールすれば Git もあわせて導入できます。まずは、Atlassian 社運営のサイトにアクセスして Sourcetree をダウンロードしましょう。

https://ja.atlassian.com/software/sourcetree（2018年1月現在）

ダウンロードしたファイルを実行し、手順に従ってください。ウィンドウが立ち上がるので、「ライセンスに同意します」にチェックを入れ「続行」をクリックします。Atlassian アカウントを作成・登録する必要があるので「My Atlassian を開く」をクリックします。

　表示される「Sign up for an account」のリンクをクリックし、メールアドレス、フルネーム、パスワードを登録します。「We've sent you a verification email」と表示されたら登録したメールアドレスに確認メールが届くので、リンクをクリックしてください。ブラウザが立ち上がり、ライセンス名（組織名）の登録画面が現れます。個人で使う場合は個人名を登録すればよいでしょう。

　改めてSourcetreeのログイン画面を出し「既存のアカウントを使用」をクリックします。メールアドレスと設定したパスワードを入力してログインし、「続行」をクリックしてください。「アカウントと接続」画面が現れます。

　BitbucketやGitHubなどというサービスに登録してあればすぐに共有のディレクトリ（リポジトリ）を持つことができますが、今回はローカルで練習するので「スキップ」を選択しましょう。「SSHキーを読み込みますか？」と聞かれますが、ひとまず「No」をクリックします。まだ、Gitがインストールされていなければ、次の画像のようにその旨のメッセージが表示されるので一番上の項目を選択してクリックします。

[図: Sourcetree: Git が見つかりませんでした ダイアログ] 一番上の項目を選択する

　ダウンロードが始まります。途中「Mercurial」という別のバージョン管理ソフトのインストールについても聞かれますが、今回は「Mercurialを使いたくない」を選択します。Sourcetreeの画面が立ち上がればインストールは完了です。

Gitを使ってバージョン管理をしてみる

ユーザ情報を設定をする

　Gitで一番最初に行うことはユーザ情報の設定です。以後、Gitで変更するたびにここで設定したユーザ情報を登録することになります。Gitでは協業ができるので「誰が」を明確にしておくのです。メニューから「ツール」を選択し、「オプション」をクリックしてください。「フルネーム」と「メールアドレス」を記述し、「OK」をクリックします。

> **MEMO** ユーザ情報の登録をコマンドとして行う場合は「git init」と打ち込みます。「init」は「initialize（初期化する）」という意味があります。コマンドでの操作も覚えておいてください。

新しいリポジトリを作る

　「リポジトリ」というのはデータの貯蔵庫を意味し、データの工程を管理します。さっそくリポジトリを作ってみましょう。まずはhtdocs内に「test」という名前のフォルダを作ります。今後、このフォルダ内はGitで管理していきます。Sourcetreeタブ上の「Create」を選択し、作成した「test」フォルダを選択します。「作成」をクリックするとダイアログが現れます。「testフォルダがすでに存在します。このフォルダ内にリポジトリを作りますか？」と聞いているので「Yes」を選択してください。これで、リポジトリが作成されました。

「test」フォルダがブックマークされ「ファイルステータス」などが確認できるようになっています。

変更を記録する

それでは、test フォルダにファイルを追加してみましょう。以下のような簡単なコードのファイルを作ってみます。

CODE git_practice.php

```php
<?php

echo 'はじめてのGit';
```

さて、この一連の流れは Git によって監視されています。ここで大事なのが「add」と「commit」という 2 つの作業です。「add」は次回 commit（コミット）するファイルをステージに「追加する」ことを意味しています。ステージに乗せたファイルだけがコミットできます。コミットとは「変更を記録する」ことです。いつでもこの段階に戻ってこられます。ゲームでいうところのセーブのようなものです。ではまず画面中央の「全てインデックスに追加」をクリックしましょう。

ここをクリック

これで、git_practice.php がステージに乗りました。次に画面下部の入力欄に「はじめてのコミット」と記述し、コミットボタンをクリックしてみましょう。

一見何も起こっていないように見えますが、Sourcetree の画面左側に master というブランチが現れます。「master」をクリックしてみてください。以下のようにコミットのデータが現れます。

しっかりと記録されていることがわかります。ここで、ファイルに変更を加えてみましょう。以下のようにコードを加えて保存します。

CODE git_practice.php

```php
<?php

echo 'はじめてのGit';
echo '変更を加えてみました。';
```

さて、この変更もしっかりと追尾しています。左のメニューからファイルステータス > 作業コピーをクリックしてください。作業ツリーのファイルに git_practice.php が加わっています。では先ほどと同じように「全てインデックスに追加」後、コミットしましょう。コミット時のコメントは「git_practice.php に echo を追加」とでもしておきましょう。コミット後に「master」ブランチを見てみると樹形図が増え、変更点が緑色になっていることがわかります。

> MEMO
> 「全てインデックスに追加」と「コミット」をコマンドで行う場合の書き方を紹介します。「add」はコミットするファイルをステージに上げます。「-A」はすべてのファイルにという意味で、個別に指定することもできます。「commit」は変更を記録するコマンドです。「-m」のオプションでメッセージも残すようにしましょう。
>
> ```
> git add -A
> git commit -m "コメント"
> ```

前回のコミットまで戻る

制作を進めているとある段階まで戻りたいことが出てきます。一作業ずつコミットしていれば意図した段階まですぐに戻ることができます。今回は「はじめてのコミット」まで戻ってみましょう。画面上部の樹形図から「はじめてのコミット」を選び、右クリックで表示された「現在のブランチをこのコミットまでリセット」をクリックします。

ここで、使うモードは「hard」を選択します。警告が表示されたら「Yes」をクリックします。

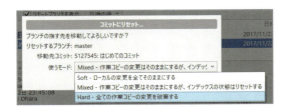

これで二度目のコミットが取り消されます。「git_practice.php」をテキストエディタで開いて確認してみましょう。

なんと、実際のファイルの中身まで変更されています。このように、ブランチ（樹形図）として作業の工程を記録していくツールが Git なのです。

本書での Git、Sourcetree の解説は以上ですが、まだまだ豊富な機能があります。特に、共有フォルダを使った複数人での管理をするときに力を発揮します。詳しくは『エンジニアのための Git の教科書』や『独習 Git』という書籍が翔泳社から出されていますので一読することをおすすめします。

こんな便利なツールがあったんですね！　事前に知っておいてよかったです

APPENDIX：付録

02 フレームワークの特徴と種類

▢ フレームワークとは何か

フレームワークの目的

　フレームワークは、Webアプリケーションの効率的な開発を支援する枠組みです。フレームワークを使うことにより、「開発効率の向上」「開発の標準化」「保守性の向上」などの恩恵を受けることができます。「開発の標準化」というのは、新人が使っても、ベテランとさほど違いなく書けることから、全体のコードに統一性を持たせられることをいいます。フレームワークは本書でその一部を学習した「MVC」と、本書ではまだ紹介できなかった「オブジェクト指向」という考え方を取り入れています。

フレームワークを使うときの前提知識

　本書で学習したPHPの基礎知識はもちろん、オブジェクト指向を扱うのに必須の「クラス」を習得する必要があります。クラスというのは、学校のクラスというより、委員会のようなイメージのほうが近いかもしれません。つまり、変数や関数を役割ごとにまとめて、今まで以上に分担をきっちりさせるのです。これにより、大規模な開発をしてもコードがばらばらにならず把握しやすくなります。プログラミング黎明期にはこうした理論がなく、スパゲッティコードといって流れが混乱したコードが書かれるケースもありました。そうすると、誰も全体像を把握できない代物ができ上がります。サーバプログラミングを仕事で行う場合は、どのフレームワークの経験があるか、などが選考の対象になりますので、最も一般的、実践的なものを選んで学習しましょう。

▢ フレームワークの種類

人気のフレームワークはどれか

　日本ではもともとCakePHPというフレームワークを使っているエンジニアが多かったのですが、2012年以降Laravelが現れてから一気にトレンドが変わりました。
　現在は、Laravel（ララベル）、Symphony（シンフォニー）が開発現場で使われることが多く、世界的にはCodeIgniter（コードイグナイター）も人気があります。それぞれの特徴を見ていきましょう。

Laravel

- 「利便性」

  Laravelは当初、「簡単である」ことを売りにしていましたが、バージョン4からは難しくなっても「より便利」な方向へと舵を切りました。これまでは、地道にコードを書いていたものが、一言で表現できたり、コマンドを打つだけであっという間に複数のファイルが作成されたり、制作における面倒な作業が取り除かれていきました。

- 「コミュニティ」

  Laravelは非常に大きなコミュニティを持っており、活発に情報交換が行われています。このように、開発者の教育、啓蒙に成功したフレームワークは人気を継続させることができます。

Symfony

- 「高品質」

  Symfonyの特徴は非常に質の高いコードでできているということです。実は、LaravelもSymfonyコンポーネントという部品を採用しています。ただし、注意が必要なのはプログラミングの学習にも非常によい教材なのですが、初心者の方には非常に学習コストが高いことです。大量の新しい言葉が並ぶことになるので独学では苦戦することになるかもしれません。

- 「柔軟性」
  部品を取り出せて他のフレームワークでも使えることからもわかるように、非常に柔軟な作りになっています。それぞれのコードがなるべく明確に分けられ、バグが連続してしまわないような仕組みなどがついています。また、こちらもコミュニティがあり情報の交換が行われています。

CodeIgniter

- 「学習コストが低い」
  CodeIgniter はフレームワークの基本をきっちりと押さえた作りながら、初心者にやさしい構成になっています。プログラミングに慣れてきたら中のコードを読んで学習することもできます。オンラインチューターでは、オブジェクト指向の最適な学習教材として CodeIgniter を使っています。特に、独学で勉強されている方や、スタートアップで簡単なサービスサイトを立ち上げてみたい方には最適なフレームワークといえます。Laravel のファイル数が 5000 を超えるのに対して、CodeIgniter では 800 ほどです。

- 「自由度が高い」
  他のフレームワークではコーディング規約がしっかりしていて、それに従わなければなりませんが、CodeIgniter では、本書で学習したようなコードをそのまま書くこともできますし、必ずしも MVC を実現させなくてもよく自由度が高いです。ますは、いろいろ触って試してみたいというときに、マニュアルも非常に丁寧に作られています。http://codeigniter.jp/（2018 年 1 月現在）

ひとまず使ってみる

まずは CodeIgniter でもダウンロードして使ってみることが大事です。後々は専門の応用 PHP 教材を使って、オブジェクト指向を学んでいただきたいところですが、一度フレームワークを使っておいたほうがクラスを学習するにもイメージしやすいことが多いです。

APPENDIX：付録

03 エラーへの対処法

よくある間違いとエラー表示

エラーを修正してみる

さっそくですが、間違ったコードを見てどこが間違いなのか探してみましょう。まずは初心者レベルです。

CODE err1.php

```php
<?php

$word1 = 'リンゴ'
$word2 = 'みかん';

echo $word1.$word2;
```

実行すると、以下のようなエラーが表示されます。

```
Parse error: syntax error, unexpected '$word2' (T_VARIABLE) in
C:¥xampp¥htdocs¥practice¥hosoku¥err1.php on line 4
```

「Parse error: syntax error」は文法間違い（syntax error）によって、機械語に変換できない(Parse error)旨を伝えてきています。問題は「on line 4」の部分でしょうか。4行目の「$word2 = 'みかん';」を見ても、間違いはないように見えます。実は、今回のエラーは3行目にあるのです。本書をお読みの皆さんも、実際にコードを書く中で一度はやった間違いではないでしょうか。「;」の書き忘れです。この場合、コンパイルの読み取り時に次の行の4行目まで行ってしまい、エラーが4行目にあると表示されますので注意が必要です。

> コロンの付け忘れ、確かにやっちゃいます。エラー表示される行数は必ずしも正しいわけではないんですね

さて、次のエラー探しです。今度はもう少し複雑なコードを見ていきましょう。

CODE err2.php

```php
<?php

$array = ['犬','猫','鳥'];

foreach($array as $var){
    if(mb_strpos($var, '鳥') !== FALSE){
        $result = $var.'は禁止ワードです。';
}
?>
<html>
<body>
<h1>配列のチェック</h1>
<p><?php echo $result;?></p>
</body>
</html>
```

この場合のエラーは以下のような表示になります。

> **Parse error**: syntax error, unexpected end of file in
> **C:¥xampp¥htdocs¥practice¥hosoku¥err2.php** on line **15**

「unexpected end of file」は「予期せぬファイルの終わり」、つまり構文の最中にファイルが終わってしまったことを表しています。「on line 15」とは最後の行ですね。これでは場所が特定できずに困ってしまいます。この場合、たいていは波括弧「{ }」の閉じ方に問題があります。見ていくと8行目の「}」は foreach の終わりで、if 文の終わりがありませんね。正しくは、以下のようになります。

CODE err2.php

```php
foreach($array as $var){
    if(mb_strpos($var, '鳥') !== FALSE){
        $result = $var.'は禁止ワードです。';
    }           ❶ ここにif文の「}」が足りない
}
```

これで正常に動作するようになりました。「Tab」による空白を利用して常に波括弧の閉じ方がわかりやすい記述をしておく必要がありそうです。

ちなみに、配列の中身によってはif文を通過しないこともありますので、$result の初期化がない、$result を echo 前に isset( ) によりチェックしていないなどの指摘ができれば優秀ですよ。

テキストエディタによるチェック

簡単なエラーくらい実行前に指摘してほしいですよね。大丈夫です。Atom のプラグインにはリアルタイムで文法チェックをしてくれるものがあります。プラグインの「AtomLinter」をインストールしましょう。「Settings」のタブメニューを開いて、「linter」というプラグインを検索します。執筆時点での最新バージョンは linter 2.2.0 になっています（2018 年 1 月現在）。「Install」をクリックしてインストールしましょう。

途中、追加すべき関連パッケージのインストールをするか聞かれますので、すべて「Yes」を選択します。

「linter」自体はベースとなる仕組みなので、言語ごとに改めてインストールします。今回は「linter-php」を改めてインストールしましょう。必要であれば、「linter-htmlhint」「linter-csslint」「linter-jshint」など、コーディング用の文法チェック機能も合わせてインストールしてください。これで Atom に文法チェック機能が加わりました。

ATTENTION　Windowsでは、「linter-php」を使う場合はPHPにパスを通す必要がありますので注意してください。Windows 10ではコントロールパネル > システムとセキュリティ > システム > システムの詳細設定、Windows8ではコントロールパネル > システム > システムの詳細設定を開いて設定します。「環境変数」を選択し、システム環境変数の「Path」に「C:¥xampp¥php」を追加してください。ついでに「C:¥xampp¥mysql¥bin」も加えておくと、コマンドプロンプトからデータベースを操作できるようになりますよ。

さて、改めて先ほどの「err1.php」を見てみましょう。コードを表示すると、最初に4行目に赤い丸が表示され、同じ行をクリックするとエラー文が表示されるようになっています。これで、文法上のミスは実行する前に発見することができるようになりました。

本格的なエラーチェック

PHPUnit

　ここから先は、まだすぐには動かせないので知識として持っておいてください。開発の工程ではテストというものがあるのです。その中に1つ1つの部品が意図した通りに動いているかを確認する「ユニットテスト」というものがあります。各言語「〜Unit」という名前でツールが提供されています。

　PHPUnitは基本的にオブジェクト指向のプログラムに効力を発揮します。クラスの中には関数に似た「メソッド」というものがあります。その都度var_dump( )などで返り値を試すのは大変です。意図した返り値があるかなど、一斉にテストする仕組みがPHPUnitにはあります。これで自信をもってプログラムが動作していることを確認しながら制作が進められるのです。

まだまだ学習することはたくさんあるんですね

プログラミングをやっていく限り学習はずっと続くんだ。新しい技術を学ぶことを楽しんでいこう

はい、まずはひとつ作りたかったWEBサービスを作ってみます

それがいいね！　忘れていることは何度も復習しながら頑張ってみて。新しい技術にアンテナをはり、楽することも忘れずに！

ありがとうございます！　頑張ってみます

あとがき

　ここまで大変お疲れさまでした。初めての PHP プログラミングはいかがだったでしょうか。本書籍において、皆様のプログラミングの一歩目に関われたこと、まことにうれしく感じております。

　さて、文部科学省は 2020 年からの小学校教育でのプログラミングの必修化を発表しています。まさに、子供たちまでプログラミングを学ぶ時代がやってきたのです。プログラミングの教育的価値は主に 2 つあると私は思っています。1 つは、「物事を筋道を立てて考えることができるようになる」ことです。バグの修正のため一からコードを読み直すことも、思慮深い知性を作るのに役立ちます。もう 1 つは、「整理整頓」の能力。算数や数学の苦手な生徒は、概して物事の単純化が苦手なのです。繰り返す作業を自動化したり、一連の定番コードを関数化するなど、物事をまとめる能力の向上が大いに期待できます。これは何も子供に限ったことではありません。

　しかし、プログラミングの教育はまだ黎明期です。PHP の教材もいろいろ覗いてみてください。それぞれ、導入の仕方が異なることが分かると思います。私が、PHP という Web アプリ定番のプログラミングにおいて念頭に置いたのは、上記 2 つの項目に加え、「すぐに実務で応用が効く」ということです。それ故、変数が登場する始めの段階で「POST」を扱うことで、その存在意義に迫っています。これはかなり珍しい流れとも言えるのです。スクールを運営し、生徒さんからの反応を集めることで最適な導入の流れを何度も構築し直しました。本書籍はその集大成です。

　本書を執筆するにあたり、編集の方と相談し目指したのは、「手を動かしながら身につける」ということです。書籍のままとはいえ、実際自分で書いたコードがその通りに動くと感動を覚えた方もいると思います。その感動や驚きが今後の学習モチベーションにおいて非常に重要と言えます。そして本書では、その裏にもっと大きな意図が隠れていることを知っておいていただきたいのです。「手を動かす」よりさらに大事なこと、それは試行錯誤して「考える」ことです。「考える」ためには、パソコンの画面に向き合う必要すらありません。ノートと鉛筆であれやこれやとコードの流れを書き出すことも非常に重要な作業といえます。

　今後、プログラミングの細かなテクニックを学習しながら、さらには「どんな設計にするか」「どんなサービスにするか」「そのサービスにはどんな社会的意義があるか」などなど大きくテーマを膨らませていっていただきたいです。上の階層に行くほど、その価値は高いものになっていきます。皆さんの今後の学習、進展を心から応援しております。

2018 年 1 月　小原隆義

索引

記号・数字

!	56
!==	53
$_SESSION	208
%=	70
&&	55, 56
*=	70
./	41
/	56
||	56
+=	70
<	52
<=	53
<input> タグ	89
<li> タグ	90
<option> タグ	77
-=	70
==	36
===	52
===	53
>	52
>=	53
404	42

A

Apache	16, 22
array	80
Atom	12
AtomLinter	272
Atom の設定	14
AWS	258

B

bindValue()	244
Bitbucket	261
boolean	36, 53

C

CakePHP	267
chop()	150

C (続き)

Chrome	10
Cloud9	20
Codeigniter	269
CSRF	245
CSS	24, 28

D

date()	52, 76
DATETIME	97
define()	223

E

echo	31
else	50
elseif	51
empty()	236

F

fclose()	169
feof()	171
fgets()	171
file()	173
FileZilla	250
float	36
flock()	169
fopen()	168
for	71, 78
foreach	78, 83, 87, 196
FTP	250
FTP サーバ	249
function	182

G

GET	62
Git	260
GitHub	261

276

H
hear()	215
hidden	44
htdocs	30
HTML	24
htmlspecialchars()	48, 91, 92, 244
https	247

I
if	50
include_once()	193
INT	97
integer	36
isset()	61, 178, 212

J
JavaScript	24

L
Laravel	268
linter-php	273
Linux	258
ltrim()	150

M
MariaDB	16
mb	151
mb_convert_encoding()	151
mb_convert_kana()	152, 155
mb_language()	151
mb_send_mail()	162, 166
mb_strlen()	61, 151
mb_strlower()	151
mb_strpos()	152, 156
mb_substr()	151
MEDIUMBLOB	97
method	41
mt_rand()	56, 245
MVC	196
MySQL	94

N
Null	36

P
Parse error	31
password_verify()	235
passwrod_hash()	228
PHP	16, 24
phpMyAdmin	94, 98
PHPUnit	274
POP サーバ	163
POST	62
preg_match()	140
preg_replace()	140, 153, 155
print	31

R
REMOTE_ADDR	168
REQUEST_METHOD	62
require_once()	193
rtrim()	150

S
select_members()	240
session_regenerate_id()	242
set_token()	245
setcookie()	203
Skype	17
SMTP	161
SMTP サーバ	163
SourceTree	260
SQL	23, 99
SQL インジェクション	244
SSL	247
str_replace()	153
string	34
switch()	64
Symfony	268

T
Tab	58
TEXT	97
time()	203
TINYINT	97
trim()	150

U
Undefined …………………………………… 62
Unicode …………………………………… 12
unset() …………………………………… 214
UTF-8 …………………………………… 12, 151

V
var_dump() …………………………………… 44, 90
VARCHAR …………………………………… 97

W
Web サーバ …………………………………… 248
while …………………………………… 78
whle …………………………………… 66
WinSCP …………………………………… 250
WordPress …………………………………… 252

X
XAMPP …………………………………… 16, 94

Y
Yummy FTP …………………………………… 250

あ行
アイコン …………………………………… 26
値 …………………………………… 185
暗号化 …………………………………… 228
入れ子 …………………………………… 57
エラー …………………………………… 61, 270
エラー文 …………………………………… 247
オープンモード …………………………………… 170

か行
会員登録 …………………………………… 225
カウント …………………………………… 172
書き込み …………………………………… 167
拡張子 …………………………………… 26
格納 …………………………………… 32
型 …………………………………… 35
関数 …………………………………… 182
キー …………………………………… 81
禁止ワード …………………………………… 155
クッキー …………………………………… 202
組み込み関数 …………………………………… 56
クライアント …………………………………… 22

クラウド …………………………………… 248
クラス …………………………………… 267
繰り返し …………………………………… 78
グローバル変数 …………………………………… 187
クロスサイトスクリプティング …………………………………… 244
計算 …………………………………… 37
掲示板 …………………………………… 194
子テーマ …………………………………… 254
コメントアウト …………………………………… 56
コントローラ …………… 196, 222, 226, 233, 239
コンパイル …………………………………… 184

さ行
サーバ …………………………………… 22
条件式 …………………………………… 51
条件分岐 …………………………………… 54
小数 …………………………………… 36
ショッピングカート …………………………………… 210
スーパーグローバル変数 …………………………………… 62
スコープ …………………………………… 187
スネークケース …………………………………… 182
正規化 …………………………………… 136
正規表現 …………………………………… 140
整数 …………………………………… 36
セッション …………………………………… 205
セッションデータの取得 …………………………………… 214
セル …………………………………… 27
送信フォーム …………………………………… 39

た行
代数演算子 …………………………………… 37
代入 …………………………………… 32
多次元配列 …………………………………… 205
チェックボックス …………………………………… 88
データ型 …………………………………… 97
データベースサーバ …………………………………… 23, 249
テーブル …………………………………… 27
テキストエディタ …………………………………… 12
デフォルト値 …………………………………… 186
デベロッパーツール …………………………………… 11, 45
デリミタ …………………………………… 148
盗聴 …………………………………… 247
ドキュメンテーションコメント …………… 200

な行

- 名前 …………………………………… 48
- 二次元配列 …………………………… 85
- ネスト ………………………………… 57

は行

- バージョン管理 ……………………… 262
- ハイパーテキスト …………………… 28
- 配列 …………………………………… 80
- パストラバーサル …………………… 247
- パスワード …………………………… 228
- パターン修飾子 ……………………… 144
- バックスラッシュ …………………… 142
- ハッシュ化 …………………………… 229
- パラメータ …………………………… 56
- バリデーション ……………………… 59
- ヒアドキュメント …………………… 162
- 比較演算子 …………………………… 52
- 引数 ……………………………… 56, 185
- 非同期通信 …………………………… 78
- ビュー ……………………… 196, 222, 227
- ファイルポインタ …………………… 171
- ファイルマネージャー ……………… 250
- フォーム ……………………………… 175
- 複合演算子 …………………………… 70
- ブラウザ ……………………………… 10
- プリペアドステートメント ………… 244
- フレームワーク ……………………… 267
- 変数 …………………………………… 32
- ポート ………………………………… 17

ま行

- マニュアルサイト …………………… 158
- マルチバイト ………………………… 151
- 無限ループ …………………………… 68
- 命名規則 ……………………………… 48
- メールヘッダ ………………………… 164
- 文字コード …………………………… 12
- 文字列 …………………………… 31, 36
- モデル ………………………………… 196

や行

- ユーザ定義関数 ……………………… 188
- ユニットテスト ……………………… 274
- 要件定義 ………………………… 40, 220

読み込み …………………………… 170
- 読み込み関数 ………………………… 52

ら行

- ラッパー関数 ………………………… 166
- 乱数 …………………………………… 229
- リクエスト …………………………… 24
- リスト ………………………………… 27
- リダイレクト …………………… 180, 215
- リポジトリ …………………………… 262
- レンタルサーバ ……………………… 248
- ローカル変数 ………………………… 187
- ログイン ID ………………………… 203
- ログイン認証 ………………………… 220
- ロック ………………………………… 167
- 論理演算子 …………………………… 55
- 論理型 ………………………………… 36
- 論理式 ………………………………… 66
- 論理値 ………………………………… 53

著者プロフィール

小原隆義（おはらたかよし）

トレノケート株式会社ビジネス開発部所属。オンデマンド配信型研修システム「TRAINOCAMP（トレノキャンプ）」(https://camp.trainocate.co.jp/）のサービス統括を務める。企業研修の経験から、現場に入ってからのエンジニアの研修体制に課題意識を感じ、実務に直結する応用項目を継続的に学習できるシステムを開発。動画、演習、課題添削を組み合わせた複合的な教育手法を取り入れ、エンジニアのオンライン学習をサポートしている。
対応言語　PHP Java Ruby JavaScript HTML/CSS など

デザイン　　宮嶋章文
編集　　　　関根康浩
DTP　　　　株式会社リブロワークス
イラスト　　くにともゆかり

PHP
しっかり入門教室
使える力が身につく、仕組みからわかる。

2018年3月7日　初版第1刷発行
2023年4月15日　初版第3刷発行

著　　者　　小原 隆義（おはらたかよし）
発　行　人　　佐々木 幹夫
発　行　所　　株式会社 翔泳社（https://www.shoeisha.co.jp）
印刷・製本　　株式会社 広済堂ネクスト

©2018 Takayoshi Ohara

＊本書は著作権法上の保護を受けています。本書の一部または全部について（ソフトウェアおよびプログラムを含む）、株式会社翔泳社から文書による許諾を得ずに、いかなる方法においても無断で複写、複製することは禁じられています。
＊本書へのお問い合わせについては、002ページに記載の内容をお読みください。
＊落丁・乱丁はお取り替えいたします。03-5362-3705までご連絡ください。

ISBN 978-4-7981-5337-7　　Printed in Japan